柔韌管理學

Gentle Yet Firm Management

商業周刊
經理人月刊數位專欄作者
黃昭瑛Yuki 著

給那些不管是在家裡或職場上，都面臨「上有老、下有小」的社會中堅分子，**Yuki** 老師懂你們的苦！相信這本書裡面的故事和眞摯的文字，可以讓焦頭爛額的你們得到一點安慰和出口。

張修修（YouTuber）

柔軟卻有韌性，善良中帶有靈巧，積極卻又不躁進，這是我所認識的 **Yuki**。職場要得人疼，看這本書，想學處世訣竅，看這本書，職涯要有好發展，還是看這本書。這是一本職場走跳必備的寶典，誠摯推薦給大家。

游舒帆 Gipi（商業思維學院創辦人）

如果你有看過《葬送的芙莉蓮》這部動漫，應該會記得當中的一句名言：「如果是勇者欣梅爾的話一定會這麼做的。」欣梅爾沒有特別的天賦，卻靠著勇敢且果決的心成爲了勇者；欣梅爾用不打擾的溫柔，替主角芙莉蓮留下

了愛的回憶；欣梅爾對同伴有著無比的同理心，並透過接納來使他們活出自己本來的樣貌。在我的人生中，黃昭瑛（Yuki）就是我的欣梅爾，因爲多年來每當遇到各種人際相處上的挑戰與挫折時，我總是會在心中默念一句：「如果是 Yuki 的話一定會這麼做的。」

Manny Li（《曼報》創辦人）

同一句話，你講不行，Yuki講就可以！

我是在工作場合認識Yuki的，之後再透過她的上一本書《正面迎擊人生大魔王》，知道了她在職場以外的一些人生經歷。眞正跟她變得更熟悉，有自信稱得上是她的朋友，其實是她已經揮別前公司，開始過著她的第二人生的時候。是我主動聯繫她，「你在台北師大路的老宅，天天訪客絡繹不絕，房子裡發生的人事物，好像都很有趣，眞想去。」

大概不到幾秒吧，我就收到Yuki回覆說「好」的訊息，卻給了我一個要等到幾個月之後的號碼牌。無論如何，我就是混進去老宅了。就這樣，我們兩個原本不怎麼相熟的人，或許過往的交集不超過五十分鐘，但是那天聊了至少有五小時。過程中，應該誰都沒有拿起手機，就是聊天和分享。跟一個人聊天聊得下去，其實就是一來一往的化學反應。你一語，我一句，都讓對方想聽、聽得下去，也想繼續說更多話。

這就是Yuki給人，或者說純粹是給我個人的感覺吧。她在人生和職涯的道路上，走過了一些路，累積了一些經驗，但是她沒有要強拋給你，告訴你這樣做就對了，或者是那樣做一定不對。她只會讓你覺得，我有我的一些活法和做法，你想知道，我就說給你聽。關鍵在於，這些活法或做法，你也不必急著做，有時候，想通了，時機到了，自然就會有下一步。這些活法或做法，也不一定保證管用，但是多學一個方法，多知道一個角度，總是好的。

在人生這一路走來，我們都遇過大大小小的問題或煩惱，總想找人解惑釋疑。你一定知道，很多時候，別人給你的建議，你未必聽得進去；甚或，很多時候，給你的方法再有道理，你當下覺得茅塞頓開、大受激勵，往往回過頭，就走回常軌了。

改變，在有些人身上，是瞬間轉念；對某些人來講，則是需要慢慢學習和醞釀。我們在找尋答案的過程中，需要的是眞誠的、有同理心的分享，不是好爲人師的指導，因爲這樣我們才能夠感覺到被理解，也不會覺得被說教。這就是Yuki的人格特質和魅力，也是這本書提供的解方，像書裡的一篇文章說到的情境：「同一句話，你（Yuki）講就可以，我講就不行，爲什麼？」

翻開書，打開目錄，找到你的困惑，開始閱讀Yuki的解說，答案就在裡面。

齊立文（《經理人月刊》總編輯）

CONTENTS｜目錄

Part 2

如何找到屬於自己的理想定位？轉調 vs 轉職

CONTENTS | 目錄

Part 3
如何在職場關係中站穩腳步？外向者E人vs內向者I人

Part 4
如何平衡在忙碌工作之外的生活？工作vs生活

資深不代表過氣，只是該有的資歷要轉化成能力

有一天，大家都會成爲資深的工作者，就算不當主管，在職場上也很難成爲與世無爭的隱士，職場上免不了要處理一些複雜的人際關係、要懂很多職場上的眉眉角角，尤其是身爲資深工作者或是三明治主管們。

我自認不是「傳統亞洲父母」類型的主管、更不是「直升機父母」類型的主管（這個形容詞是我國中生女兒給我的描述），但在溫柔與堅定、韌性和 Chill（鬆弛感）之間，依然可以和團隊一起交出漂亮成績。我很滿足於過去在職場的日子、享受帶團隊打仗、跟老闆合作無間的那些回憶，但出這本書絕對不是要講那些屬於我的老故事，而是要給你有用的幫助。

在分享知識與經驗上，我常常說：你不用覺得我厲害，是你要讀完變得厲害，這才是我要的！在職場上，能跟大家處得愉快、氣氛融洽又可以達成目標，大家尊敬你而不是怕你，主動積極的文化，這些都是身爲資深工作者

的我們，值得努力的目標。

過去幾年黃昭瑛專欄上的網路熱門文章，逐一經過時報出版社主編潔欣與我的整理、挑選與修改，淬鍊出這一本職場生活必修課，很謝謝經理人月刊總編輯齊立文、數位專欄編輯宥筑和柏源，在專欄輸出時提供很多的幫助；也要謝謝商周數位專欄的易萱與商周編輯團隊給我很多專欄題目的啓發，還有我一開始在寫作時的老師佩珊，有大家的幫助，累積出這本書才可以精采好讀。

我想透過這些職場案例，讓大家習得秒懂、易學、馬上用的技能，幫助大家化解職場複雜的問題、增加管理能力與成爲更有價值的資深工作者，這在目前AI年代，這本書的內容絕對是不可被取代的能力。

十九歲出社會工作時，我只有台北商專的學歷，進到外商公司，沒有學歷、背景、人脈，什麼都沒有，後來雖然靠自己在職進修拿到行銷碩士學位，但那也是工作多年後的事了。我認爲最有價值的還是一開始那麼多年在基層蹲馬步、瞎子摸象、自己摸索的經驗。從一線人員一路爬上外商總經理，每一個位置都有它的挑戰與難處，我自己經歷過、撞牆過，寫出來的文字就可以直指核心或是看到別人沒有想過的角度；因爲很多管理者看大家是從上往下看、只有一種角度，而我一路從基層開始轉換不同位置，最後才到總經理，擁有底層往上、多了不一樣的視角看待同一個問題，這對於我在知識萃取與寫作輸出都是好事。實際經歷過、看過的例子永遠舉不完，看待問題也可以多層次多角度更全面，解題因爲實務經驗也可以更到位。

對了，如果你覺得身邊的朋友、同事、家人很需要這本書的幫助，請務必幫我推薦這本書給他們，我會非常感謝你的，因爲這些滿滿的乾貨，就算花再多心血寫，沒人看也是白搭，總是要有人欣賞推薦啊。希望你和你重視的人，都可以透過這本書得到更棒的啓發與學習，總之，覺得有用，請記得幫我推薦給身邊朋友喔。

Part 1

三明治主管怎麼當？爭取上位 vs 知人善任

跟團隊夥伴一起罵老闆的主管早晚會陣亡，跟老闆一起數落團隊成員的主管往往帶不了兵。

三明治主管不是用「牆頭草兩邊倒」來兩邊討好，而是要幫助上下兩方學習，看到對方的立場與視角，更了解彼此，促進上下一致的理解與溝通，這才是中階最重要的價值所在。

很多人都搞錯重點，以為夥伴罵老闆，你跟著罵就可以得民心，大家就會支持你，完全錯誤啊！大家只會覺得公司沒救，連我主管都沒輒。而聽到老闆在罵團隊就火上加油、以為和老闆同一個鼻孔出氣就好的主管，絕對贏不了團隊的尊敬也得不到民心。沒有信任關係的雙方就只能靠鞭子和胡蘿蔔，偏偏這個時代的人不一定吃這套。要說胡蘿蔔，外面的工作機會能給的更大根，鞭子拿出來還沒打，人就已經離職了；現在很多工作都在搶人才，很多高價值的員工根本不怕這些傳統遊戲規則的束縛。

以前人家說，沒有人才是不能被取代的，別忘了，也沒有一個工作是外面無法取代的，有實力的人，要找好工作不怕沒有，就算還沒找到適合的工作，沒有經濟包袱或是有家人當後盾的工作者也很多，一旦心委屈了可以直接離職，苦的還是無人可用的主管要一肩扛啊。

那麼三明治主管除了以上這些雷要避開以外，還要注意什麼呢？

首先，我覺得透明度與眞誠非常的重要，因爲人跟人之間要先養成信任，沒有信任關係，學再多溝通技巧也只會被說是話術、很假。眞實表達意見也很重要，見人說人話的討好型人格主管在現今社會大受考驗，最後反而兩方都不討喜。以前的三明治主管會製造訊息落差、隱藏部分核心資訊，但現在組織愈來愈扁平、市場變動快速，靠這種訊息差展現價值的主管終究會被識破，沒有實力、無法讓團隊更好的主管不會有追隨者。

還有一件事也很重要，就是當老闆的人可以聊夢想、可以高大上，但當三明治主管的人不可以。務實一點、謹慎行事、步步爲營很重要，這都是信任累積，做愈久影響愈大，畫大餅、癡人說夢的角色還是留給夢想家老闆吧，主管還是屬於實際動手做的人才能產生價值。

想向主管爭取升遷、加薪卻開不了口？掌握面談五重點，在職涯路上推自己一把

小華來公司已經滿三年了，比他晚進公司的學弟妹都已經高升，或者調往不同部門、接受不同任務的歷練，他卻還在同一個職位，做同樣的任務。

雖然被大家稱為該部門的台柱、一哥，但每當年度面談時，小華都壓力很大，因為想爭取晉升，卻一句也說不出口，也怕開口了被拒絕、破壞和主管間的關係。總是順服的他，往往在考核後，看著大家都有新任務、新的晉升，才後悔自己當初應該勇敢一點才對。

如果你也像小華一樣，沒有試過、也不習慣開口為自己爭取好位置，甚至連加薪都不好意思說，別總以為主管眼睛是雪亮的，應該看得出你的潛力。當主管的管理幅度愈大、管的人愈多，就愈難面面俱到，替每個同仁都考慮好，職涯的發展有時是需要自己推一把的。

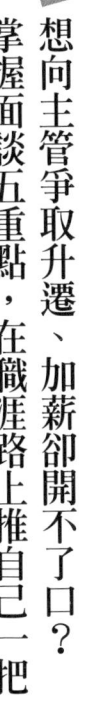

以下幾個對話情境以及開口的說法，或許可以練習看看，既不會讓你談不成就和主管撕破臉，也不會因爲被拒絕就造成場面難堪，更不會因爲不好意思開口而留下遺憾。

1.用不帶壓力的口吻來表達個人意願

像小華這樣不喜歡提出要求或害怕破壞關係的工作者，其實可以用不帶壓力的口吻表達自己想升官、加薪、接新任務的意願。

可以練習用「如果有機會的話……」的句型來開頭，例如：

如果有機會的話，想接觸AI相關的小專案，剛好可以練習目前手上接觸的新工具；如果有機會的話，接下來有類似的活動，可以讓我當跨部門專案的PM（專案負責人）嗎？我覺得自己今年管理手上工作的時程和任務滿上手的。

如果能結合個人年度的表現成果，以及組織未來半年、一年的任務與挑戰，我相信主管一定會把你這個人才放在心上的，此時替自己推一把成功率會很高。

2. 積極地回應主管的任務提議，不要只是說「嗯」

當主管描述你的強項，並告知你公司未來有新任務或符合你強項的新角色時，絕對不要只是聽，然後說「嗯」。要學習在對的時間點，更積極一點的表達，此時的句型可以使用「如果公司覺得我的能力可以……那我會……」。

例如：

如果公司覺得我的能力可以負責數據整合的專案，那我會全力以赴，至於需要跨單位去統整大家的數據需求，我也可以練習到跨部門統合的能力，幫到各部門的忙。

這種表達絕對比聽主管說，然後只回答「嗯」好得多。

3.反駁的話可以帶著好奇心，溫柔地說

當主管表達對你的觀察，但你並不認同他的觀點時，一定要帶著好奇心、溫柔地追問到底，千萬不要硬吞下去，然後只是生悶氣。

句型可以使用：「原來主管是這樣想，我想知道是什麼時候/什麼事件，讓你有這個看法呢？」可以持續鼓勵主管說下去，重點在於了解主管的想法，不是替自己辯解，所以不要打斷主管表達意見。

可以待主管說完之後，再補上一句：「原來如此，那我明白了，我會試著下回遇到這種情況時多留意，希望可以讓你更了解我，對我改觀。」不需要爭辯，但給予一個有禮貌的說明，讓主管明白，或許不是他想的那樣。

4.切勿跟同事比較，職涯發展很個人化

「我想知道什麼時候我可以像小花一樣擔任主管？」在年度面談時講這句話，主管一時半刻也不知道怎麼回答你，因爲職涯發展是很個人化的，而

且小花的位置可能是因爲剛好有主管缺，而他是當下最佳人才，而你不一定有這樣的機會。所以面談時，最好只聚焦在自己的下一步：

如果有機會的話，可以讓我試看看帶一個專案、一個任務嗎？我也想磨練帶團隊的能力，未來公司內部有機會的話，我也可以貢獻更多。

像這樣的表達就很明確，是在爭取一個機會，同時想磨練自己的管理能力。

5. 改變任務、調部門不會加薪，別爲難主管了

加薪的機會、磨練的機會要分開來看。不是做很久就有機會加薪，也不是調部門就有機會加薪，那都只是磨練能力、爲未來做準備而已。一般來說，升官必然加薪，管理幅度變大（管的人數、部門變多）也會加薪。但因爲做很久而加薪，眞的不是常態，通常是萬年專員領萬年的專員薪水。

最後還有一個提醒，年度考核期間，主管一次要面談的人非常多，不要

考驗主管的記憶，有時談話時間過長、討論過多，會失焦，因爲整段談話，每個人劃的重點不一樣。重要的事，結束前可以再提一次，試著幫主管劃重點，會很有幫助。

面談五要點

1. 用不帶壓力的口吻來表達個人意願。
2. 積極地回應主管的任務提議，不要只是說「嗯」。
3. 反駁的話可以帶著好奇心，溫柔地說。
4. 切勿跟同事比較，職涯發展很個人化。
5. 改變任務、調部門不會加薪，別為難主管了。

爲了往上爬，不惜越級報告、打擊同儕！職場「跳級生」爲何高升了卻遭滑鐵盧？

「老闆你說的沒錯，我們也想這麼做，但是……」小美顯得有難言之隱，想說什麼又止住了。

在一次和老闆單獨私下聊天時，老闆指點了一下小美他們挑選客戶要篩選，不賺錢又難搞的客戶不丟掉，既耗人力又賺不了錢。早就看不下去的老闆，總算有機會跟第一線的小美說，忍不住多講了幾句：「你們部門這樣搞下去不是辦法，從賺錢到虧錢，你們曾經是獲利第一名的團隊耶，一手好牌打成爛牌，你們這些年輕人要懂得挑客戶經營啦！選擇比努力重要。」

小美年輕氣盛一時氣不過，忍不住衝口而出：「但是……」但卡在階級輩分，自己還很菜，只好忍了下來。

「但是怎樣？你們想這麼做，但卡在哪？說說看，我來替你們想辦法。」

老闆鼓勵小美說下去。

「我們早就跟副總說過了，但她說這些客戶都是她當年辛苦搶來的，不讓我們丟掉，客戶又知道他們主管和我們副總的關係，總是提出很無理的要求，例如砍價、要嘛就是時間卡很短，根本不可能的任務，我們常被這些沒錢的VIP客戶占據時間，又丟不掉，老闆你說怎麼辦？」

小美想說既然老闆要她說，她就說了，反正也是事實，這個部門就是副總做起來的沒錯，但一堆舊客戶包袱，害後面新人都把時間卡在服務上，根本無法替公司賺取利潤。

「原來如此，那你們如果不做這些舊客戶，有自己開發客戶的能力嗎？會不會是你們沒能力開發，才被分配來維護這些舊客戶關係呢？」老闆也是業務出身，想多了解一點，同時也想到這個部門的確都是靠舊客戶在支持，有些賺、有些賠，一直沒有新的大客戶加入，所以才會影響公司的獲利表現。

後來老闆找來副總，聊完之後，決定把小美升上來做另一個新開發客戶的單位負責人，從副理一下子升任總監，同時讓她找了副總原有部門內的人才，組成一個團隊。

這樣的劇情其實時常在上演，並不奇怪，但巧合的時，大多的結尾都是要嘛小美扛不住壓力，在身心俱疲下，團隊成員離職率也跟著高漲，或是生意做不起來自行求去，這樣的職場跳級生明明是高潛力的人才，但爲何結果卻不如預期？即便老闆組織內人才挖礦、挖鑽石的眼光有一定水準，但爲什麼人才總是扛不住呢？

在職場上有野心的老手、資深工作者，通常喜歡藉不同機會和場合培養與高層的關係，一旦有機會就想彎道超車，批評自己的主管、攻擊同儕，以取得更大的權力。

在競爭比較強烈的大型企業工作過的人，多半對於這樣的行爲不陌生，就算自己不曾採用也一定看過很多，只要是人都有欲望，而實現在職場的野心有很多方法，當按部就班實在太慢的時候，採取這種粗暴對策往往快又有效，像是結黨結派、聯手次要敵人攻擊主要敵人等等。

但這樣的積極競爭下，我也看過許多高潛力人才，最後慘遭滑鐵盧的例子。通常有幾個原因：

1. 彼得原理

這是最常看到的情況。所謂「彼得原理」就是把員工升到他能力所不及的管理職，然後整個團隊都因此在空轉，當事人也會因爲在高度焦慮下，無法發揮正常水準，更別說要快速學習了。

公司會有按部就班的養成計畫一定有其原因，沒辦法一下子到達高位，其實是正常的，往上晉升通常需要很多不同角色與能力的歷練，也需要成功經驗累積的自信，而不是信心喊話，這就是跳級晉升常常戰死高潛力人才的原因。所以即便人才有野心、有意願快速晉升，主管也要三思。

2.同儕合作破局

採取手段上位的人才，一定具備的某方面的能力與個人特質、甚至手腕，但上位後要面對的現實是，底下有一群本來平起平坐、甚至是前輩或曾經被攻擊的同儕，要收攏他們的心，一起合作，但信任感在破壞後很難建立。

若是一開始透過批評他人而獲取主管信任、伺機上位的人，常常會因為很難發揮團隊向心力，而沒有好的表現。這樣的人本來就不是按照團隊速度前進的，要率領一大群人時就無法做出成績。新官上任一急之下，只好將團隊打掉重練，從零做起。如果公司可以等待，當然沒問題；但若已經是高競爭的產業環境，那就是自斷手腳。

3.花太多時間向上管理，卻做不出成績

有些人和上層培養關係、取得信任的方式是情報交換，例如某部門、某個同事有什麼狀況，這些小道消息常常會觸動主管的神經。隨便一句話，再

描述一些畫面，就可以中傷一個人才。想當然，會這樣做的人，沒有能力和時間發揮在管理或是商業上，只好用以往慣用的方式來維持自己的江湖地位，而且一招半式闖天下。

過去在職場中有許多這樣的例子，但是講求成果導向的企業通常也沒辦法忍受這個情況太久。所以，主管如果不想讓高潛力人才走偏，在他們提供情報時，不要有太多的好奇心才是正確的反應，將注意力放在生意上，對人才、對企業才是最好的。

按部就班地補強能力或許比較慢，但看到太多高潛力、有野心的人才因爲快速升職卻遭滑鐵盧，爲了人才好、企業好、團隊好，主管要小心以上三個陷阱。

快速升職可能會有的陷阱

1. 彼得原理：把員工升到他能力所不及的管理職。
2. 同儕合作破局：一開始透過批評他人而獲取主管信任、伺機上位的人，會因為很難發揮團隊向心力，而沒有好的表現。
3. 花太多時間向上管理，卻做不出成績。

老闆升我當主管，出事了爲何不挺我？做了二十年管理職，我才懂那是一份禮物

當同事升職成主管，組織內勢必會產生矛盾的情緒，其他同事們也會對新主管投以觀察與懷疑的眼神。有經驗的老闆都懂得要給大家一點時間，讓彼此適應、磨合，如果每一件事出包了，老闆都來插手，原本的懷疑與不滿很容易累積成爲眾怒，造成集體離職，或是升職的新主管陣亡，造成公司更大的損失。

記得剛出社會沒幾年，自己第一次升職爲主管後的首次開會，大家都低頭做自己的事，我講話沒人在聽，一副「妳懂什麼」那種調調，其實我很清楚，那是大家對於公司這項人事晉升決定的不滿與懷疑。但聰明的老闆當時並沒有出手，只私下跟我說：

「他們不喜歡妳，但會尊敬妳，成績會說話。（如果有人）表現不合格，

妳再公平考核。」

後來還陸續發生團隊成員出了幾個包，我只好下去救火，外商是成果導向、看數字說話，我面臨內憂外患，要追著數字、確保達標，一方面還要擦屁股，耐住性子、心平氣和地處理團隊內的問題，標準的「錢還沒領到，內傷先到」。

當時心想，當主管也太辛苦了吧，業績目標要扛一整組，更難達成；客戶一多，問題也多，遇到同仁有情緒、不合作時，心裡更是不舒服。相比一個人做業務時，錢領得飽、心情好，眞的差異很大。

老闆刻意「登出」，新手主管才有機會累積經驗值

後來當了二十年的主管後，才知道當時爲何老闆要我扛下重擔，出事了卻不出手搭救？因爲他要讓我學著當主管，讓團隊知道：現在由我坐鎭了。

試想，如果當時的出包，老闆直接在開會時大罵我的團隊成員，那我的角色就會立刻變成透明。因爲大家爲求自保，只好一股腦兒跟老闆解釋，這段溝通習慣跳過我後，我就很難再帶著大家了。

而目標達成不了時，老闆沒有下調數字，後來我拚了老半天達標，團隊慢慢才信服、跟上來。在那樣的情況下，我快速地累積管理經驗值，後來不管是在哪升職，甚至空降、跨領域，當年成功的經驗給了我更大的自信，能不怕困難地承擔。

另外，老闆太急著插手、挺你，有時也會造成同仁更大的不滿，因爲剛開始接手時，新手主管並不完全了解團隊成員手上的業務，以及每個客戶背後的情況，如果光是聽幾個資訊就開始批評，或讓老闆直接開炮，都會導致同仁產生想離職的心情。

最好的做法，其實是要懂得爭取時間，首先先力求達標，然後與同仁多一點溝通，慢慢培養革命情感，千萬不要急著跟老闆求救，也不要埋怨老闆不救你。若遇到心很急的老闆，要用誠意溝通，讓老闆給你時間，先試著自己處理。

新手主管剛升職時，如果出事了，千萬不要怪老闆爲什麼不挺你？爲什麼不出手？那些成長的歷練是必要的，初期同事斜眼看你、開會低著頭看電腦的情形，也是暫時無法避免的，革命情感只能在出事時培養，懂得跟團隊站在一起的主管，才能讓大家信服。

新手主管該注意的事

1. 力求KPI達標。
2. 和同仁培養革命情感。
3. 不急著和老闆求救。

「老闆狂罵人，卻說是爲我好……」薩提爾提出四種常見溝通風格，你主管是哪一種？

一個人習慣的溝通模式因家庭而起，美國家族治療工作者維琴尼亞．薩提爾（Virginia Satir）藉臨床經驗歸納出五種不同的溝通風格，其中，能清楚表達個人感受、能描述具體情境的是「一致型」，它最能創造良性互動，但大多數人的溝通風格卻是另外四種：討好型、指責型、超理智型和打岔型。在職場上，我們容易見到其中幾種型態出現在不良的垂直溝通。

根據薩提爾的冰山理論，人就像一座冰山，人們所展現出的行爲，只是水面上（外在）的冰山一角，而水面下（內在）則分爲：感受、感受的感受、觀點、期待、渴望、自我等層次。主管也是人，我們與主管溝通時，可以閱讀到的行爲，其實只是冰山的一小部分，例如：討論到某些事時，主管好像特別顯得焦急；遇到某些需求的討論時，平時心情穩定的主管，會情緒突然失控等等。

在這些場景下，都可以深一層地思考，透過好的引導與溝通，來了解對方在冰山下許多盤根錯節的思考堆疊，再藉由好的溝通風格來轉化彼此的溝通模式，或許能對彼此的互動有些幫助。

討好、責備、超理智、打岔的四種溝通風格，你和主管的溝通場景，是哪一種？

我在職場上看過的不良溝通狀況裡，很多都和溝通的過程不愉快有關係，薩提爾則在她數十年的家庭治療經驗中，觀察到人們面對壓力或威脅時，更可能爲了保護自己而採取討好型、指責型、超理智型和打岔型等四種溝通風格。

1. 討好型

討好者常利用討好或逢迎來取悅他人，在這樣的溝通方式中，總是一味的贊同別人。這類型的溝通者常自我貶抑、自我忽略、乞憐、讓步、同意、感到抱歉，尤其是面對生命中的重要他人，總是忽略個人的眞實感受。「你很重要，我不能沒有你」是討好型溝通風格的表達方式之一。

這種溝通型態下，常常都沒有表達出自己眞實的看法，累積久了也會爆發，我在職場上觀察，會在溝通中突然暴衝的人，都是忍耐太久、忍無可忍。別懷疑哦，主管也有可能是討好型的溝通風格，這樣的主管對下屬來說，要花上更多功夫與時間才能眞正理解他。下次當你發現「好好先生／小姐」類型的主管，某次突然發怒，可以仔細回想，過去他是不是總是表達同意與支持，但沒有表達出他眞實的感受？

2. 指責型

責備者是一個吹毛求疵的獨裁者，溝通時，常常都在責問別人，身體姿勢也常擺出責備別人的樣子。在他一副大老闆的樣貌背後，其實是寂寞的內在，只有當別人服從自己時，他才感覺得到自己的價值。這類型的溝通者常是忽略他人感受、支配、批評、攻擊的，經常只會去找別人的錯誤，並爲自己辯護，要別人爲自己所承受的一切負責。他們常表達的是「這是你的錯」、「你做不好任何事」等指控。

這樣的主管，如果遇到完美主義者的下屬，的確是可以維持一段看似和諧的關係，但卻總是無法長長久久。有這樣指責型的主管，屬下的心理狀態，自己要練得更強大，百毒不侵，才不會被有毒的責備攻擊給打倒。我看到許多傳統企業的管理者都難免帶有指責型的溝通影子，尤其「罵你是爲你好」這種話爲收尾的溝通，前面往往都是一連串的指責。

3. 超理智型

利用超理智型溝通的人，常對他人解釋大道理，顯示出冰冷、鎮定的自我形象，實質上卻擁有易受傷害的內在。他們常常說出一串連自己都不確定眞正意思是什麼的長句子，來表現出自己是有智慧的。當他們說話時，聲音單調、話語抽象，無法讓人感受到任何親切感。這類型的溝通者常採取冷酷立場，並不在乎對方的感受，隨時保持理性，以避免自己情緒化。他們只在乎是否符合規定或正不正確，忽略人情。

許多害怕犯錯的主管，常會是這種溝通模式，尤其在官僚體制下、沒有安全感的組織裡，或是身爲新手上任的空降主管等等，爲了自保、怕犯錯，常常不自覺就變成這種溝通模式，下屬常批評這類主管爲傳聲筒主管，沒辦法解決困境，只會剪下、貼上公司的政策，就算布達了也害怕出錯，除了該講的訊息外，其他都不願意多談。這種缺乏人味的主管，在溝通中也會讓屬下抓不到重點，頭痛不已。

4. 打岔型

打岔型的人說的話常不切題、漫無邊際且無意義，他的內心深處十分孤寂，認爲沒有人關心他、沒有地方容得下他。這種類型的溝通無法聚焦並反映出重點。這類型的溝通者常做的事是使自己和他人分心。

我自己觀察，若身邊朋友遇到這樣類型的主管，下屬自己會很辛苦，因爲時間都浪費在跟主管開會，提出任何建議或方案，往往也得不到什麼具體的方向或幫助，導致溝通無效，事情推展不易。

薩提爾觀察到大部分溝通型態，常混合以上四型的溝通風格。試想，若自己和主管長期維持這四種溝通方式，無法自在的對話，反而壓抑自我感受。也就無助於產生有建設性的溝通關係，進而會漸漸喪失信任感。

學習第五種風格：直接又真誠的「一致型」溝通風格

然而，還有一種最直接也最眞誠的溝通模式——「一致型」，在一致型的溝通中，訊息的每一部分皆有脈絡且能朝同一方向引導，在身體姿勢上，也能讓對方感覺到眞誠、誠實、舒服，毫無威脅。這類型的溝通者是眞誠眞實的自我表達者，同時也能關注對方，顧及自己並關心他人。

一致型溝通風格的人通常具有平和、平靜、有愛心、接納自己與他人、腳踏實地的人格特質。由於他們能欣賞自己的獨特性，而且願意信任他人，於是能在自我和人際關係之間保持良好且自在的溝通。

要學習一致型溝通風格，首先要誠實面對自己對對話情境的感受，同時也要站在對方立場思考。薩提爾提供了一個有效的方法——「我訊息」能有效傳遞個人能受，同時以一個尊重的方式邀請對方解決問題，以避免討好、責備、爭吵的發生。

「我訊息」五步驟：

1. 具體地描述情境
2. 以「你好像……」描述對方行爲

3.以「我感到……」描述自己感受

4.以「我希望……」表達自己的期望

5.邀請對方共同解決問題

下回和主管溝通時，不妨實際演練一下，例如：當主管字字句句都充滿攻擊與負面情緒時，在急著接球並承諾改善前，先用我訊息的五步驟，藉機更了解主管，也讓主管明白他的行為、你的感受、還有你的期望，建立眞誠直接的溝通模式。在聆聽主管指教時，除了低頭猛抄筆記，也勇敢表達自己，最後別忘了邀請對方一起解決問題，而不是被罵完一頓後，還是沒有完全懂，主管到底爲什麼那麼生氣？而下周周會只好繼續被罵，在這樣的迴圈中，不會有好轉的機會。

只要最後的結果是好的、溝通成果是有效的，那麼過程中，即便讓主管有一點點感覺不舒服，意識到自己的行爲與溝通模式好像可以再更好，那麼對彼此的合作關係還是有幫助的。畢竟職場上能做的工作還有很多，垂直關係若存在著溝通問題，一直隱忍著、承受到不可承受那天才斷然離職，這種情況對彼此來說都是有害的，也是雙方的損失。

很多討論把薩提爾的理論放在家族、親子關係上，但其實職場上與主管溝通不良的問題也很常見，希望這樣的概念可以在職場題上更常被討論，也覺得能夠改善職場關係，對生活中、工作中的幸福感會有很大幫助的。

「一致型」溝通風格主管的特色

1. 誠實面對自己，站在對方的立場想。
2. 適時使用「我訊息」。
3. 邀請對方一起解決問題。

當部屬表現失常時，主管「盯更緊」就是下錯功夫了；當主管態度突變時，部屬主動出擊不傻傻承受

「上次說要改的地方，怎麼都沒改到？」麗香看完部屬交上的檔案後，氣到冒煙，硬壓著脾氣，盡可能緩和地提醒下屬：

「像這裡的成功案例要拿掉，跟他同產業的競品不能出現；還有這裡，這個電商的例子對方看了很刺眼，因為他的愛將就是被挖去這裡當副總……」

當你和麗香一樣，發現同仁錯誤百出時，主管該做的不是把同仁叫來叮嚀更多遍，因為他八成都沒在聽，你要做的，是好好跟他聊一聊，了解他為什麼最近工作時心不在焉？

尤其是一個原本表現積極、聰明又有效率的夥伴，突然持續出錯、忘東忘西，或是像文章開頭的例子一樣，以前會舉一反三的，現在連做都做不到，通常有幾個可能性，導致夥伴暫時有點失常，例如：

1. 對工作、公司或主管不滿

這個情況尤其容易出現在宣布人員晉升、加薪的時期，對晉升得失心較重的同仁，可能會禁不起晉升失敗，因而對這份工作或職涯產生懷疑。

尤其在外商的工作環境，晉升可能是可以到不同部門、不同品牌、不同國家去工作的跳板，都是表現一等一的工作者才有機會爭取晉升，但晉升失敗的可能性很多，有可能是同職場其他挑戰者更突出，或是自己太緊張，因此在面試時沒有表現得很好，或是所屬業務單位剛好遇上客戶倒帳，因此被扣分等。

也因此，同仁面對無法成功晉升，會有較大的情緒反應也是常見的，若公司有專業的人資夥伴可以聊聊，或主管願意撥一點時間聽他表達遺憾，甚至不滿的感受，通常狀況就會好得多。

2. 個人或家庭因素

失戀、父母生病、孩子叛逆期導致親子關係緊張等，是造成工作者焦慮的常見原因，每個人都會經歷人生中比較困難的時刻，或是以前不曾碰過的挑戰，這時需要慢下來思考該怎麼做。

若主管發現工作夥伴是因爲這些個人或家庭因素而導致失眠、焦慮，甚至影響工作，可以鼓勵他們尋求公司或外部的專業諮商資源，有些公司會提供免費的心理諮商時數給同仁當作福利使用，甚至有心理健康假可以申請。

像麗香遇到同仁的失常，可以詢問他是否需要去休假幾天，或是告知公司的相關福利，或引導相關的資源，都比一直重覆花時間糾正、讓自己氣得半死有用得多。

雖然公司是講求成果、效率的地方，但是沒有好人才、人才沒有展現最佳狀態，就不可能有好的表現。主管常常是第一個發現夥伴有失常狀況的人，但往往都以爲是自己沒講清楚，要多講幾遍，或覺得同仁不認眞、不細心。但若同仁以前表現都很好，可以仔細思考一下，最近的失常有沒有可能是遇到情緒卡關或人生挑戰？

我自己經歷或看過的例子，有些是去休個假，有些是尋求專業諮商協助，有些是找人聊天抒發……往往短期調整過後，又可以再創佳績，繼續成為公司最強戰力的一員，所以身為主管的人，遇到同仁突然錯誤百出時，不要搞錯狀況、下錯功夫。

主管態度轉變時的處理方式

主管和部屬常見的另一種情況，則是溝通不良造成的大誤會。

最近遇到許久不見的好友小美，她才剛離開一家公司，在離職之前，她遭遇主管的惡言相向、冷嘲熱諷，還被設定一個不可能達成的目標，面對主管突然的態度轉變，她除了錯愕以外，還連續兩個星期失眠、做惡夢。

「我後來就直接問老闆啊，你是不是想逼我走？如果是，你給我一包（資遣費），我直接走，我們好聚好散。」好友小美雲淡風輕地說著離職鬼故事。

「後來，我發現公司的營運狀況不好，就在猜，老闆是不是也給我主管很大的壓力？他皮繃很緊，想趕快榨出那些不可能的目標？因爲他也每天帶著黑眼圈，還很易怒，應該是都沒睡。」小美繼續說著。

從小美的例子上，可以學到一件事，當你感覺到主管態度一百八十度轉變，或是顯然公司面臨了營運壓力問題時，可以主動找主管聊一聊。若主管願意說出他的壓力，你就可以明白，或許不是針對你一個人，而是他自己的壓力過大，而業績墊底的你，只是他情緒的出口。你要做的事情，就是找他主動研擬業績改善的方法，並且時時回報，讓他能緩解焦慮。

但另一個情況是，倘若主管不願意說出心裡話，可以採取小美的做法，讓彼此合作關係有一個結束的可能性，也無可厚非。就算主管本來沒有這個想法，但你主動提出後，主管可能也會覺得，既然表現不佳，換人或許是好主意，或者可以暫時節省成本等。這個做法不僅讓主管有一個台階下，也讓自己可以領一筆資遣費，安心找下一個適合的工作，離開這個焦慮的壓力鍋。

比較常見的誤區，就是遇到像小美這種情況，卻傻傻地承受、不敢主動詢問，結果導致身心問題，或者長期處在戰戰兢兢的狀態下，最後充滿自我懷疑與受害者心態，對工作失去自信與熱情。

主管不一定都是對的，主管也是人，也可能有過度焦慮、沒辦法成熟地表達要求的狀況，甚至也有可能是不適任的。但我們很難確保自己在職場上不遇到這樣的主管，唯一能做的就是我們主動一點、踏出一步來突破這個僵局，無論是積極改善，還是彼此好聚好散，都不應容許自己在不健康的職場環境與狀態下太久，要懂得保護自己。

部屬表現失常可能的原因

1. 對工作、公司或主管不滿。
2. 個人或家庭因素。

主管態度轉變時的溝通方式

1. 主動找主管聊一聊。
2. 主動提出結束合作關係的可能性。

都加薪了，部屬爲何還是不開心？關於員工的職涯規畫，主管別自我感覺良好！

小瑜在年度面談時，得到主管大力褒獎，還獲得加薪百分之十，但她按照目前薪資算一算，其實月薪只有多三千元，年資多年的她，薪水還是三萬多，比她還晚擔任該職務的學弟妹們，起薪至少都是四萬起跳，因爲業界非常缺人，反而還被學妹問要不要跳槽去她們公司，薪水跳一級不說，還享受更多公司福利。

主管對她的未來規畫說得頭頭是道、還花了很多時間刻畫未來，但這些「大餅」在小瑜眼中只是屑屑，而更慘的是主管爲了鼓勵小瑜，還要她開始帶新人跟負擔管理責任、參加主管會議。說是新人，其實是實習生和工讀生，通常都是幾個月一聘，教會了就離職了，小瑜反而像是補習班老師一樣，工作忙碌還要教學、檢查工讀生出錯的地方；而出席主管會議很浪費時間，因爲大部分的會議內容都與她無關，時間耗在那裡、成就也不在那裡，事情還得加班做完，想到就心累。

小瑜面臨的困境，問題就出在主管爲員工安排的職務調整，並未考量到員工本人的需求。爲避免主管自我感覺良好，在與績效優異、希望留任的同仁刻畫未來時，最好提前思考幾件事：

1.加薪百分之十或許是公司高標，但要看一下業界水準在哪

以小瑜的例子，當年她進到公司時，該職務還未面臨市場上的高度需求，所以起薪比照一般基層新進專員的薪資，即使加薪百分之十是該年度的高標，但對於她的職務在業界目前大缺人的狀況，其實起薪都比她現職高多了，如果不進行調整，人才流動爲勢所必然。

2.不是人人想靠升官發財，有些人的夢想不在組織裡

小瑜其實一直夢想要有海外經驗，像是出國短期遊學、念語言學校、甚至是長途旅行，所以目前除了工作、存錢之外，都在補習提升語言能力。有升官發財的機會雖然好，但她不只需要花更多時間加班完成工作，能夠存到的錢也不多，如此一來對她來說不一定是好事，她想要的反而是擁有多一點時間，不要一直加班。

3.配合人才的下一步規畫未來工作

因為小瑜對海外經驗有憧憬，如果公司剛好有國外客戶要服務，或是需要派人去國外開會、辦展會、拍攝取材等，可以給小瑜機會去出差，就算很累，但其實對她來說是種福利。反倒是公司裡有小孩剛出生的父母，這種出差機會對他們來說能躲則躲。配合人才的現況和下一步規畫工作內容，會比用主管的眼光判斷，要適合得多。

小瑜的例子其實在職場上很常見，多花一點時間和心思去了解人才需要的是什麼？業界的薪水水平在哪裡？都是身爲主管可以做到位的，值得投入一點心思。

身為主管想留任優秀員工該注意些什麼？

1. 加薪幅度是否符合市場需求。
2. 理解員工的生涯規劃。
3. 配合員工的真正需求。

當新主管加入老團隊、接管既有業務，靠五「不」增加信任感與士氣

回應老闆的策略，有時並不一定要公開來說，尤其在你新接手一個任務、專案或是部門時，要考慮目前團隊的感受，畢竟他們對於新主管還有不安全感，在你還沒有掌握情況時，更要花時間重新掌握第一線情況。

小美被老闆找去空降一個公司的老團隊，在接手前，老闆抱怨了一堆這個部門長期讓他看不下去的問題，例如：老員工沒有動力嘗試創新，像現在在紅的ＡＩ或創新工具都沒用上、下面很多優秀的人才不培養，往往做決定的都是那幾位老人，人才平均一年就會走掉、還有既有客戶的消費金額愈來愈低，一定是服務沒跟上，商品也沒創新……林林總總講了一堆，小美都筆記下來了。

接下來呢？如果你是小美，你要快速回應老闆的提點，把一個一個方案

想出來嗎？把既有被老闆看不下去的商品策略、人才培育、平台系統功能全都大大檢討一番嗎？勸你不要這麼做，不然就是踩了大忌。

在你還沒有培養信任感與士氣，而且還不清楚裡面攤開來看的現況與瓶頸之前，快速按著老闆找你來的目的，一件一件當專案改善計畫拉時程在做，包準計畫還在初期，人都跑光，爲什麼呢？這篇你可以看看，思考一番。

自己職涯裡因爲常常被調換職務，去接手老團隊，也常常看到優秀的管理人才被轉調部門，有幾個自己的經驗提供給大家參考，在接手一個老團隊、既有業務時，需要注意的大忌，希望大家都可以有智慧去做最佳判斷，把力氣用在對的地方。

1. 不批評

批評過往的策略、既有的商業模式、系統或平台功能不好，這不僅傷士氣，還會讓老員工、老團隊對號入座，以爲是在批評他們。但能夠留用大將與團隊，一定是當下最關鍵的事。

因爲老團隊最熟悉公司組織運作，是公司轉型最重要的軍力，若沒有這些既有的老團隊，很難快速創造出成績。如果想把老團隊全部換掉，也太過不切實際，從補齊新人到上手，團隊要花更多時間原地空轉，尤其公司若不是正夯的產業或是企業，找人更是難上加難。

再者，每個時代都有當時的難處，就像現在每日的決策都不是「最佳解方」，而是「最適合當下的解方」，我們未來或許也會後悔今日的決定，所以去批評過往的策略其實是一種驕傲，因爲回到過去，我們也不一定能做出最佳的選擇，所以批評過往的論述最好是放在心裡就好。

2. 不動怒

動怒是弱者的表現，領導者如果想在溝通過程中發揮影響力，絕對要記住：不要動怒。心平氣和、好好說話可以讓溝通順暢，也讓團隊更願意提供意見與看法，這對於戰略的討論有很正面的影響，動怒只會讓情況變成一言堂，十分危險。

「不講話不出事，我們就聽話照辦就好。」在易怒的老闆底下，很容易發現團隊成員保持這樣的心態。主管接手的團隊規模愈大，愈需要沉住氣，好好說話。

3. 不要馬上「全面盤點」

做目標、計畫、資源的全面盤點不是不重要，只是優先序的問題。剛接手老團隊時，比起全面盤點，更重要的是先做出成功的創新小專案，讓大家建立默契與信心，因爲在重要專案上取得勝利，可以讓老團隊中的「觀望者」對新主管放心，也能凝聚士氣，之後再慢慢分階段強化各項任務，會比較恰當。

若一開始接手就全面盤點，雖然容易掌握整體狀況，但務實來說，根本不可能短時間內就做完全部的事情，耗盡全部資源也不一定有能力做出多大的改動。所以初期可以嘗試在不完美中找到可行的方法，一邊找到機會點賺錢和突破，一邊逐步盤點並改善重要的功能或產品，這對組織來說才是當務之急。

有人可能會問：不全面盤點怎麼可能掌握全局？但掌握全局後，要是發現是個十年大計畫才能改得完的話，屆時使用者與市場都不知道已經變成什麼樣了，有意義嗎？當然要抓大放小、有多少人做多少盤點啊！接手愈大一盤生意，愈要小心這個全面盤點的誤區。

4. 不要太謙虛

「雖然沒有馬上翻轉生意，但我們很快就在 ××× 新事業上做出雙倍成長，在此要肯定大家的默契。」這種話說起來可能需要臉皮厚一點，畢竟還沒達成目標，但接手老團隊時，要記得不要說一些傷及士氣的話。

或許領導者只是想要展現自己的謙卑，但別忘了團隊跟我們是站在同一艘船上的，領導者的自我批評，聽在團隊耳裡就是在說他們不夠好，很容易讓他們心生挫折，團隊只要挫折、士氣低落，就不可能打勝仗，這點務必要小心。即便目標還很遠、短期專案不成功，也要幫大家找到亮點。

5. 不要說大話

初期的戰功很重要，但過度承諾會造成自己與團隊的高度壓力與摩擦，長期來說不是好事。接手老團隊就是要能扛得住壓力，如果沒有把握的目標就不要說，可以有雄心壯志，但承諾無法馬上履行的事就是說大話，否則承諾高目標的焦慮感將會影響自己和團隊的腳步。

保守一點的說法在初期很容易讓人接受，畢竟才剛接手。走正確的方向，找到突破點，生意自然會有良性發展，這是水到渠成的事情，對別人的期待，我們盡最大努力就是了，但說大話可以不用。

以上就是接手老團隊常見的誤區與大忌，我還是滿支持大家，若有機會可以試著挑戰看看接手老團隊，因爲從0到1建立團隊與接手既有團隊，是完全不一樣的挑戰，完全不同的學習過程，試著走一次，會收穫滿滿喔！

接手既有團隊，成為空降主管時應注意的事

1. 不批評過往的策略、既有的商業模式、系統或平台功能不好。
2. 不輕易動怒，心平氣和、好好說話。
3. 不要求短時間內做完全部的事。
4. 不要說一些傷及士氣的話。
5. 不說大話，沒有把握的目標就不要說。

值得你「拜師」的員工！懂得向這三種部屬學習

「我看同行有在做這個商品的促銷活動，你們這次沒有要跟打嗎？」小美的主管好奇問她。

「沒有，算過了，他們成本跟我們一樣，那個價格把利潤賠光就算了，還要付出行銷費，然後他們還賣大包裝的，買完客人一個月內都不會再買同一品類，太不划算，我們打算等他們檔期結束，跟另一家品牌配合，會有一個特殊的優惠套餐，單個算起來比他們還便宜，但是是品牌補貼行銷預算，我們小賺不虧，而且還可以讓客人馬上發現我們家更便宜！」小美說。

「難怪，我想說妳平時跟價跟那麼緊，查價也很即時，怎麼會這一檔沒跟上，原來是早有準備啊！算盤都打好了。」小美主管邊點頭，邊思考著小美這個人才眞的可以多栽培。

其實除了小美這樣把公司的預算花在刀口上，遇到競爭不亂陣腳，有勇又有謀的人才外，身爲主管要時時觀察身邊以下這三種人才，並且把握機會跟他們學習，盡可能跟他們交流，因爲執行力好、積極度高對他們來說都只是基本，更難得的是做生意的方法，他們眞的有掌握。

1.花錢和投資之前，懂得先想一想的人才，他們算盤撥的比你精

那些會「算」的人才，不是懂得開源，就是懂得節流。以開源來說，倘若是毛利率百分之十的生意，那就是每花一元，要多十元生意才能夠打平，如果算一算沒辦法，那他們就不會去花這個錢；從節流的角度，如果他們能夠透過各種方式省下一元費用，就等於多做十元的生意，而且會努力找出可以節省的錢，並立刻停止花費，這兩者都很難得。

想辨識出這種人才，你可以在審核費用的時候問：「請問這個專案配×××贈品，會增加生意嗎？你預期會增加多少生意呢？」如果他們算得

出一本生意經，就代表有想過，如果對方只說：「欸，就是因爲要跟×××競爭，所以我們想要區隔化，這樣才好談生意。」沒有數字跟分析，打迷糊仗帶過，那你就懂了，他們憑直覺，花每一分錢的時候，也不確定能否賺回來。如果今天行業的利潤好、或是本業獲利的基底很厚，有預算就花當然沒問題，但反之，就要看運氣了。

2.自帶流量的生意，往往都是同一批人做出來的

找到生意訣竅、掌握流量密碼後的人才，總是生意一開即中。身爲主管的你，只要定期檢視業務報表，往往會發現這些自帶流量的商品或是生意都是同一批人做出來的，因爲生意是一整套的思維，一樣通就樣樣通，從一開始戰場的評估與挑選（要從哪個生意下手比較有錢賺？），再來是談判階段的策略與手腕（要拿什麼貨、不拿什麼貨？什麼可以不賺，但可以從別處賺回來？遇到有競爭者的時候該怎麼談？）以及長期布局（如何避免未來的競爭？），一套生意的每個環節都能兼顧到。

主管要多注意那些掌握生意訣竅的人才，因爲我們不一定有他們懂特定生意怎麼做、怎麼獲利，當然這跟運氣、機運有一點關係，但也不全然，因爲不是每一個人都懂得把握時機，唯有懂生意的人，才能有這種運氣，我們要緊緊跟隨，不斷跟他們學習與交流。

主管可以觀察部屬開發的商品/生意上架後的流量來源，如果自帶流量的比例很高，自然流量的絕對數字也高，那麼該產品負責人就可以列入人才觀察名單，往往他們後續開發出來的商品或是生意也都是這樣，如果你們的行業不是電商、或是沒有嚴謹的數據追蹤，那麼也可以看行銷花費，如果產品都要靠廣告、行銷費去推動，基本上在行銷費用上就會看出明顯差異。

3.從既有資源中槓桿，是最聰明的人

工作上看過太多例子都是透過既有資產來槓桿出生意，既有資源不一定

是有形資產，也有可能是無形資產。例如透過舊客戶滾出新生意、透過公司口碑來建立新的關係而後變現、透過行銷創意的優勢能力得到好商品、與既有的外部夥伴結盟而切入新生意的賽道等等。

相反地，要重新投入資源才能滾出新生意，那就是一切都從零打拚起，浪費了組織本身的優勢能力與既有資源，也沒有全局觀，當資源有限時，甚至要面臨內部競爭。

懂得用既有資源槓桿出新生意的人才，他們不僅可以贏在起跑點，也可以避開你爭我奪的資源競爭，別人的貨底（賣剩下的貨品）或許是你的帶路雞，這在零售與電商產業開啟合作時很常見。在旅遊業、電商生意上，我也觀察不少業務都有這樣的敏銳度，而且對自身資源的掌握度與運用時機，都有自己的一套邏輯思維。

人才很好觀察，看他們做生意/選擇生意戰場的邏輯思維與方法，還有數據報表，其實不用問就知道，他們往往在做生意的時候都會動用舊資源，不管是會員、外部夥伴、內部夥伴，也會做非常多的資料分析，跟憑直覺、靠運氣的業務很不一樣。

以上三種人才的日常觀察分享給身爲主管的你，除了看每日業績達成率，還有這些地方可以留意，抓到機會就多多向這樣的人才學習喔！

哪種人才值得身為主管的你學習？

1. 花錢和投資之前，懂得先想一想的人才。
2. 自帶流量，掌握生意訣竅的人才。
3. 懂得用既有資源槓桿出新生意的人才。

比起給對指示，好主管更應該問對問題

「你們公司同事動作好快喔，周末我收到你們公司的電子報和App推播，竟然已經開始轉推過年伴手禮、年菜，有夠靈活。」之前在擔任行銷主管工作時，某次我朋友周末遇到我，剛好收到會員訊息，他驚呼不已，接連跟我讚賞團隊的機動性與靈活。

但同事提早賣完手上過年既有的商品，因此轉為推廣合作夥伴的伴手禮和年菜，絕對不是我提醒的，而是長期以來他們的自我訓練，還有我的發問，例如：「我發現了一些問題，我想知道更多關於這件事的資訊。」

引導團隊更有主動性、更積極嘗試找方法的動機，其實一直不是指令、解答、或是建議，反而是告訴他們一條又一條的「線索」。

根本原因分析（RCA，Root cause analysis）是人的本能，而像偵探一

樣想要追尋答案則是天性中的好奇心，所以我們身爲主管要做的其實是引發動機，沒有動機只靠監督、施壓其實是沒有用的，得到的永遠只是敷衍了事，或是給你一個快速且顯而易見的答案而已。

只要發現生意中的盲點，我就會舉幾個例子給同事聽，然後便神奇地激起同事們的好奇心與動機。

每一個曾經提出來的盲點，都在一段時間後，導來一份又一份的資源需求，希望我可以投資他們在改善計畫上，還有一抓到我有空，就來插隊的會議討論，甚至下班後還傳來很具體的行動方案與計畫，然後再細到推展不易、要我去幫忙搬石頭的細節。

「我發現了一些問題，我想知道更多關於這件事的資訊。」我常常如此發問，開會的時候，我就是像好奇寶寶一樣，一直問問題，完全不用長篇大論，設定一堆獎懲，光是一句就有效，因爲拆解問題是人的本能與天性，只要用一句話引起動機就可以。

例如：「唉呀！生意大好，過年的商品照這個速度，什麼時間會銷售一空？」

有時候同事無法當場回答，就會趕快去找答案，然後回報我的時候，除了答案還會有更多計畫，例如：「照這個銷售速度，預計庫存二週可以賣完，因爲供應商也無法追貨，所以我們打算用合作夥伴的其他服務。」，例如：「年節伴手禮與年菜預訂來補業務，一方面供應商也再去找其他過年尚未賣完的通路，把庫存追回來，給我們賣，二頭併進。」

身爲主管，你是給指令，還是給一個疑問、線索，讓大家找答案、培養思考判斷能力？所得到的東西完全不一樣。

部屬的回應是敷衍了事、顯而易見的答案，或是自發性地解決問題，有比較，你一定可以感覺到。下次可以試看看，不要再下指導棋，改一改方法，或許團隊會不一樣，不僅更靈活還會思考，主動性也更強。

主管該如何問對問題

1. 引發部屬的好奇心與動機。
2. 提問引導部屬拆解問題。
3. 不直接下指令而是提出疑問、線索。

別怪員工講不聽！想給部屬建議，車上、茶水間的閒聊比你想得還重要

「同一句話，你講就可以，我講就不行，爲什麼？」

「上次他跟你一起出門之後，回來就戰鬥力十足，超開心的，下午回來上班還會一邊唱歌，跟之前一個『結屎臉』完全不一樣。」一位員工的主管曾經這樣問我。

很多主管在指點員工，批評員工不受教、教不會時，重點都擺在「溝通力」、「領導力」，還學一堆引導、啓發的技巧，但我在實務上的觀察，有些主管講話慢、溝通的邏輯又不清楚，但卻能帶人又帶心，爲什麼？重點在於平時關係的建立，而不在溝通的當下。

交情不夠深，任何指教聽起來都很刺耳

同一句話，不同人講，意義對聽者來說是不同的，原因在於，聽者相信說的人是爲了他好，而不是眞的在批評他，所以他出於信任而能眞誠接受別人的指教，做出改變，這樣的溝通才會是良性循環。但當說的人與聽的人沒有關係的連結，冒然提供建議，他當然只會反彈並自我保護而已，我自己也曾經犯下這個錯，後來就不太自討沒趣了。

所以身爲主管的你，當看到團隊夥伴有需要提點的地方，先確定你和他的關係基礎，再提出建議是比較有效果的。建立關係有很多方式，不一定都會花很多時間，舉例來說，我會在出門跟同事搭車時，聊一些彼此的共同話題；或是在茶水間巧遇時，就聊一會。這些都不會花太多時間，但十分有效果，多讓他們與主管有接觸，會減少他們對於主管的恐懼，也會增加彼此的信任基礎，然後才能坦白地提供建言。

「你幹嘛不做擅長的事就好？」

「好啦，我跟你一起去拆炸彈吧。」

我和一個有信任基礎也夠熟識的同事，就可以這麼直白的說話，也可以就案子處理的過程檢討和分析有哪些可以改進的地方，但當然不是對每一個人都這麼直接，因爲關係的建立需要時間，要有一定的基礎。

你多看重夥伴的需要，他就跟你有多近的距離

另一個例子是文章開頭提到的「結屎臉」同事，據他主管說，他已經低潮好一陣子，同時卡了很多不順的合作案，讓他覺得心情很差、一直在救火。

但我們一起去跟合作夥伴吃飯的那天，根本沒有特別聊到什麼工作的事，我只是跟合作夥伴提到，你們是不是有動漫主題的活動啊？然後對方說，他們公司年會尾牙就有，而且很多人物會現身，我同事眼睛一亮，馬上問幾

個他最愛的動漫角色。我馬上說：「下次年會，可以邀請我同事嗎？讓他代表我們公司出席？」

就這麼小小的細心觀察和一個請託，同事主管說，這位同事回來戰鬥力一百，馬上恢復拚勁、能量，然後接下來一季直接衝破目標，績效超好。這眞是一個神奇的力量，那頓午餐的閒聊和請託，竟然帶來那麼大的幫助。這也是建立關係的一環，你有多看重夥伴的需要，他就跟你有多近的距離，往後我還是有很多直接的對話，看他哪裡做得不夠好，我就直說，他也馬上就改。

所以，與其花那麼多時間去學溝通、學領導，倒不如回來反思，我們如何與團隊成員建立信任的基礎與關係，再熟的人，眞心建言都傷不了人；不夠熟的人，好意都可以成爲惡意。

給部屬建議的注意事項

1. 先拉近彼此的關係再提出建議。
2. 減少他們對自己的恐懼感。
3. 時常觀察他們的需要，建立信任感。

走得不順的專案，主管該放手讓員工繼續試、還是強行中止？

「這是一份很棒的企劃，有誰想接？」我在某次會議上詢問大家意願。

「我可以。」其中一個總監率先喊要認領，並火速拉了她團隊的經理一同討論。

我們三人熱烈的討論，並盤點完手上資源與任務後，我最後的決定出乎大家的意料之外。

「我覺得可以放棄這題，你去專注你手上的案子。」我當機立斷，決定讓這位經理去著手他手上的其他任務。

不是我手上給的企劃案不好，而是對於這個同事的信任與尊重。討論中，他提及自己正專注的其他專案，是另一條更長期的客戶夥伴關係，對未來的生意更有幫助。

雖然他手上的專案當時有瓶頸，走得不太順，但我手上拿到的新企劃，幾乎得要全力投入，並且重新開發起，同事的手上全無資源，感覺都要重來。

即便二條路看起來都是未知，但身爲主管的我，願意相信——先讓他著手於他看到的機會，以及本來在進行中的長期夥伴關係，並放棄我自己想像中的生意——其實是比較保險的做法。即便他目前還有沒突破手上專案的瓶頸，但我仍然相信，他會努力的在他的路線上找到方法。

相反的，若我因爲他沒有做出一個模式，就硬要拉他來走我手上的新企劃這一案，那麼未來就是手拉著手的畫面，我要一直拉著他走。

這二種決定對未來的影響，前者是一群人都有新路；後者是一個要拉一個走。

身爲主管要給的是信任與尊重，時時等著看學習與成果，並給予彈藥支援，如果已經有既有的專案要走，主管可以一起支援他手上的案子，而不是要求他做主管手上的新專案，讓團隊更加分身乏術。

摧毀與部屬間信任關係的地雷句型

「你覺得這案子會中嗎？」我常用這句話開頭問。

「不會。我寧可去做這個，我傳給你看。」團隊的總監回答我。

對我來說，這是一個很好、很坦誠的交流與溝通互動。

但相反的，我看到的案例普遍都是：

「我看到A公司在做這個，你們動作太慢了啦！這明明是我們可以做的題目，怎麼會讓A公司做去？」

「你看一下我傳給你的，這樣做超棒，他們秒殺耶！」

「你相信我啦，做我這個，我以前都做過的。」

士可殺不可辱，其實身爲主管的你，如果想毀掉一個戰隊，就這三句話再重複個幾次，就可以送走戰將們。當然，指導與給方向是絕對可以有的，畢竟指點團隊也是身爲主管的重責大任，但同時也別忘了指點的同時，給予信任與尊重，團隊絕對感受得到。

「你雖然很拚命三郎，導致我們和你工作起來，會自己給自己許多壓力、要像你看齊，但是我很喜歡跟你工作。」這句話是不只一個夥伴曾經回饋給我的，在我來翻譯成白話文，就是：跟你工作會累死，但我累得很開心。

戰隊可以由努力或是運氣得到成績，但我比較相信天助自助者，所以許多成功都是因為信任與尊重第一線的戰隊們，彼此一起拚命，然後得到了好運，最終做出很好的成果。這之中，身為主管最重要的就是信任與尊重！

如何與部屬建立信任？

1. 先讓他著手於看得到的機會。
2. 指點方向時給予信任和尊重。
3. 彼此一起拚命。

屬下講不聽、做不出你要的結果？與其「給釣竿、教他釣魚」不如換個溝通方式

「你的業務拓展進度太慢了，大家都被你拖著，沒辦法等你，改用這個方向試看看，同事他們用這個方法很有效，速度和成果都比你的好……」「你用我這個方法，我以前就是這樣成功的，比較有效率。」主管B正耐住性子，壓抑心急又無法發火的脾氣，試圖在循循善誘中，爲進度沒跟上的同事A找到方向和突破瓶頸的解法。

這樣的景象在領導團隊時並不陌生，但往往發展成：即便主管B耐心溝通、壓抑著快冒火的脾氣，運用再高強的溝通技巧，還是對進度推展沒有幫助，最後被逼急了只好跳下來做、屬下也因爲達不到標準而受挫求去，而這樣的劇情在各間公司一再上演。

老一輩「給他魚吃，不如給他釣竿、教他釣魚」這樣的智慧，爲什麼不

見成效呢？

「教他釣魚」已不管用！不如問員工打算怎麼做

當你在這樣的循環中痛苦不堪時，可以改一個方法試看看：聽聽看他想怎麼做，而不要告訴他該怎麼做。

你以爲應該要「給釣竿、教他釣魚」，但年輕的屬下同事或許並不認爲釣魚是最佳解法，他們或許想划竹筏或是開小型漁船出海撒網捕撈，你在雙手奉上釣竿、並且試圖教導使用方法時，他都沒在聽，因爲這不在他的解決方案裡，當然會溝通無效。因此無論你如何耐心教學，他還是學不會。

這種情況十多年前我在零售品牌業擔任主管時還不明顯。當時每一季新品上市時，無論是零售、電商，或經銷同事都是會把產品、銷售流程背得滾瓜爛熟，試圖把每一個亮點都融會貫通，在行銷、業務推廣上才好應用。

商業環境瞬息萬變，不能光靠老經驗應戰

但等我到了旅遊新創平台後，我才發現目的地的操作方式，彈性與變化性之大。例如：日月潭久旱，使本來賣船票的生意直直落，但乾旱的景致被拍成ＩＧ網美照，卻引起大批人潮朝聖，必須改推其他體驗因應。或是離島旅遊因爲風浪太大無法出海，水上體驗被影響，必須推廣其他商品等等。

這樣的產業環境下，必須時時動腦筋、想方法，而一個目的地要做起來，必須要有整套行程的思維，因爲單一個行程，不構成大家要爲此跑一趟的理由。做一個旅遊體驗平台的行銷、業務人員，需要更靈活應變各種天氣、季節、新竄起的新媒體應用、社群夯字等等，難度很高。

此時給釣竿的方法當然不可行，因爲同事在前線更能分辨現實情況下的眞實樣貌，該拿什麼工具、用什麼方法最有效率？他也在實證中學習。

「那你想怎麼做？你需要什麼幫忙？」

這是主管開會時，最好用的一句話。或是更具體的說：

「你剛剛講的困難，我聽懂了，那現在還差的進度，你想怎麼做？我可以幫你什麼？」

主管可以透過這兩句話，來了解現實情況的困難、屬下想採取的對策，若有邏輯上未能說服自己的地方，主管也可以再提出疑問，有時候屬下答不出來，或許是思考上未盡周全，那也可以透過這樣的互動來訓練思考能力。同時，透過一次又一次這樣的互動模式，也可以觀察團隊是否在解決問題、抓住商機的判斷力上，有所不足、或是有所進步。愈大膽嘗試新市場、新商品、新模式，失敗率愈高，但學習曲線也能陡升，「快試快錯」的學習成本其實沒有想像中高，而且成效大過想像。

例如我同事做國內旅遊時，沒有依照我的建議去開發泡湯券、餐券，卻先做了高價的豪華露營，因此在疫情期間跟上趨勢、而獲得很好的合作關係與穩定的營收，這就是給釣竿和開船去捕魚差別的最好實證。「那豪華露營的開發需要什麼幫忙？」我曾經問過這個同事。「你可不可以帶小孩幫我去一趟？我們沒小孩，想知道親子客去的感覺是什麼？需要哪些配套？」於是那幾天我馬上安排，真的帶小孩去了一趟豪華露營區之旅。

管理的方法需要進化，尤其在我帶的團隊同事愈來愈年輕的那幾年，他們能想出來的解決方案或許跳脫出我們所能想像的思考框架中，但結果卻是好的。

指導團隊時該注意的事情

1. 與其「教他釣魚」，不如問他該怎麼做。
2. 問他：「我可以幫你什麼？」

靠獵人頭、人力銀行，不如靠自己！聰明攔截好人才的三個管道

人才的招募一定是不可以停下來的，尤其是在高速成長的公司，明年要用的人力，今年的招募管道就要先打開，而那些重要的招募管道更是要有好口碑，很早就要開始經營，同時，除了多元的招募管道外，同事的引薦眞的更快，而且大部分的同事都想找神隊友來一起工作，沒有人想被豬隊友拖累，所以該找誰，有時同事都比HR還要嚴謹。身爲主管的你，如果把招募這件事丟給HR，自己不想想辦法，那麼萬年開缺都找不到人是很正常的，請花點時間替組織的優秀人力徵才想想辦法吧。

某次，一個學習型組織「商業思維學院」找我去演講，碰巧當時的公司需要一些有商業思維的新事業部主管，於是雙方激盪出一個新合作，在該組織學員繳交作業時，讓公司人事部門也參與其中、觀察是否有合適的人才，

再由HR主動邀請面試。

最後這個有創意的活動，不僅爲新事業部門收到數十份企畫書、帶來許多生意上的新點子，更重要的是，成功錄取上任的學員，後來也在進公司後有很不錯的表現，讓這個學習型組織的學員們，有了一個很好的模範。

相較於傳統徵才方式——把職缺丟給HR，慢慢等待收履歷，層層面試——不見得能找到具有自學能力以及成長心態的員工，在學習型組織找人才，或許是個更有效率的管道。

想找有即戰力、潛力的人才，根據我的經驗，這些辦法比起在LinkedIn或人力網站撈海量履歷更來得精準有效：

1. 在學習型組織找人：瞄準有成長心態、自學能力的人才

一如前面提到的，坊間有許多不同主題與學習目標的學習型組織，例如有關注產品經理（PM）、社群小編職能的社團或讀書會，這些非以培養人

脈爲主的社團，在精益求精的共同學習目標上，能待上一陣子，也有學習成果，對於人才的未來潛力來說，是有一定識別度的。

另外也想特別提到一點，以往那種希望同仁可以一直加班，沒有個人生活，全心全時都投入工作的主管，要改變思維，因爲單靠員工現有的技能與過往的經驗，是無法面對未來快速變化的環境的。員工要是沒有競爭力，也意味著公司的競爭力下降，而優秀人才更不會加入這樣的企業。

應該要經營出一個學習型組織、鼓勵自學的風氣，幫助員工的能力與時俱進，能主動學習並找到屬於自己的方法。如果員工準時下班是要去參與學習型組織、上網路課程、參加讀書會等等，應該是要鼓勵的，他正在確保公司未來的人才競爭力。

2. 從合作夥伴找人：鎖定有即戰力的戰將與幫手

優秀人才庫的建立很重要，可以多多接觸主要合作的夥伴，不管是供應商、媒體合作夥伴或是行銷推廣通路等等，只要有具體成績的人才，都可以藉由各種交流的場景或邀約，來建立彼此的關係，例如看到銷售或行銷的成績有突破，就可以舉辦慶功、交流等活動，藉此了解彼此更多。

我就曾經因爲這樣的緣分，在對方想要換工作時，即時提出邀請，最後攔截到好人才，這樣的人才都是可以立刻發揮的即戰力，但要特別注意的是，如果是重要的合作夥伴，盡可能不要主動挖角，以免影響良好的夥伴關係，即便是知道對方已經要離職的情況下，也要禮貌上親自拜訪對方的主管，表達自己未來會更加支持彼此合作的關係，以免因爲人才而造成誤解。

3. 員工介紹：找尋適應團隊文化、管理制度的夥伴

若要找到符合公司文化、價值觀，同時能適應公司各種工作流程、管理制度的新夥伴，請同事推薦人才是很好的方法，比委託 head hunter（獵人頭）還快速有效。我就曾經在團隊的快速成長期，請同事推薦新人，後來證明，

不管在文化適應力或團隊合作上，都能夠展現超乎預期的表現。

既然都要給 head hunter 獎金，不如也給員工推薦人才獎金吧！

如何招募好人才？

1. 在學習型組織找人。
2. 從合作夥伴找人。
3. 員工介紹。

你的團隊，能體諒「職場媽媽」嗎？員工爲了育兒放棄工作，背後的管理啓示

「Yuki 稍等我一下，我先請我家人去接一下小孩。」一場會議因爲討論得晚了，同事突然臉色大變，請我暫時一下，讓她聯絡一下家人去學校接小孩。

我看了一下時間，原來已經下班了，而這個同事因爲長輩都在南部，先生常出差，幾乎都是僞單親的狀況。

「沒事，沒事，差不多都討論完了，你趕快去接孩子吧，這個檔案下週才要用到的。」我起身催促她趕快出門了。

沒想到晚上十一點，收到這位同事的檔案，已經修改好了，還約了一個時間，希望再跟我過一下，看看還有沒有要調整。看來是接小孩回家忙完一陣後，又繼續開電腦做的吧。踏上主管之路以來，遇到很多優秀的工作夥伴

都是職場媽媽，她們擁有許多女性專有的特質，例如：特別有耐心、願意教導與提拔後輩、工作上特別有效率、擅長同時處理多重任務、貼心與細心、高穩定性以及團隊合作與協作能力佳等等。

有太多的優點是我從職場媽媽的夥伴上看到的，但在職期間同時擁有媽媽身分，尤其是子女還在嬰幼兒時期的員工，也有特別需要主管支持的地方，身爲主管的你，如果能多一點這方面的體恤，相信可以跟這些好人才合作得更愉快，並且有長期留任的機會。

主管應該怎麼照顧身為職場媽媽的同事？

職場媽媽常有很多不得不麻煩同事的地方，工作上若沒有友善的協助與通融，自己會覺得工作上綁手綁腳的，在不好意思麻煩他人的情況下，最後不是只好辭職，不然就是硬撐燒肝。

身爲主管，可以提供給職場媽媽哪些彈性呢？

1. 較爲規律的上班時間

我遇到的職場媽媽，大多都需要下班回家照顧小孩，或是下班趕去保姆家、托嬰中心、長輩家接小孩的行程，所以我不會在即將下班的時間約會議，讓她必須急著找人去接小孩，或是陷入臨時找不到人幫忙的窘境。若眞的有必要出席的活動，也要提早告知，讓她有時間去安排接送小孩的行程。

2. 下班時間以傳訊息代替打電話

下班時若有收到職場媽媽的訊息，可能都是對方事情忙到一半，必須要找我趕快討論的情況，但晚上若遇到小朋友要睡覺的時間，我會盡量以訊息取代回電，萬一因爲電話把小孩吵醒，那可能會天翻地覆，尤其想睡又不睡的小孩像小惡魔一樣，有可能會鬧一整晚，那大人可就慘了。

3. 團隊聚餐盡可能利用中午來取代晚上

職場媽媽的晚上和假日幾乎都是留給育兒，所以團隊若有迎新、送舊或是慶功等活動，可以安排在中午。因爲要是安排在晚上或假日，職場媽媽便會面臨兩難的局面，即使心裡想參加也必須委婉拒絕。若有公司旅遊，也建議安排全家都可以共同參與的行程，讓職場媽媽可以帶小朋友一起同行。

4. 小朋友進入幼稚園頭一年，常常生病

遇到小朋友生病，大概是父母最頭大的時候了，小孩一旦發燒就不能入園上課，但幼稚園的頭一年，小孩幾乎每個月都會感冒、拉肚子等等，此時的職場媽媽蠟燭兩頭燒的狀況是最明顯的，若有臨時請假的需求，主管就必須找人遞補。

針對這樣的情況，也是必須有點彈性的地方，或許不要把太多又急又趕的案子，同時丟到家有剛入學幼稚園小朋友的職場媽媽身上，只有一、兩個

可能還可以靠同事互相支援；若同時肩負三到五個以上的急案，在關鍵時期又因爲育兒不得不臨時請幾天假，可能客戶或供應商都要跳腳了。

這些都是過渡時期，待小朋友進入第二年、第三年就會好多了，我自己的小朋友在進入幼稚園的第二年，幾乎就不太出現發燒等必須臨時接回家的情況了。

以上四點都是小小的環節，但對職場媽媽來說，常是被工作與小孩的兩難所壓垮的原因，如果身爲主管的我們，能夠體貼他們，我相信盡心盡力又負責任的職場媽媽，都會是可以留任與貢獻更多的好人才，值得雇主好好珍惜。

主管可以提供職場媽媽哪些彈性？

1. 活動或會議安排提早告知方便安排。
2. 下班時間儘量不打擾。
3. 團康活動不佔用下班時間。
4. 不給太急太趕的專案。

Part 2

如何找到屬於自己的理想定位？
轉調 vs 轉職

價值是公司認定的，不是你自己認定的，同樣，公司是否對你發展有價值也是你認定的，不是聽老闆說一說的，老闆可以畫餅，但能不能吃，你自己要評估。要務實理性的看待職場發展環境，可以針對「你是否對公司有價值」、「公司是不是你能養成能力的地方」這兩點來看待自己是否該離職，還是應該轉調其他部門繼續成長與發展。

隨著市場變化劇烈，現在幾乎已經沒有那種百年歷史老店，想從一而終待在一個公司長期發展的想法太過天眞，若工作者看重自我實現、生命意義感，是否轉職、轉調的重點應該在於：**如何讓自己變得更好？**不管是財務報酬、能力競爭力提升、生活更幸福、身心更健康等等，都是其中一個考量因素，而不只是升官加薪而已。

以我自己看來，長期的成長曲線是很重要必須常常關注的，因爲學習成長跟理財一樣也是需要像滾雪球一樣「長長的坡」，選擇一個可以讓自己持續成長的環境很重要。要離職、轉調還是自行創業都可以依據自己的成長曲線作爲首要的考量，而如何讓自己更好？更是深一層的自我理解與判斷，愈了解自己、花心思在自己身上，加上長線思考和全局考量才能讓你的每一個轉職決定都更有意義。

有實力的人愈有選擇權，當你有能力爲自己做決定時，得感謝過去的自己，因爲那些長時間累積的學習磨練就是你轉職的底氣。同樣，公司願意給你機會也是因爲你的實力及能力，因此，面對每一個工作機會也要思考：自己是否能貢獻價值？是不是最適合的人選？如果不是也可以主動跟主管溝通，自行提出轉調或是提出工作內容調整的建議。盡可能讓自己能發揮所長並且連結公司的商業目標，這樣一來才是雙贏局面，公司賺到、你也賺到。如果運氣好拿到高薪卻沒辦法發揮或是做不長久，對職涯發展來說不一定是好事，工作發展還是要看長期一點。

面試時吹牛，可能害你在業界搞壞名聲？四個求職者絕對不能踩的地雷

前陣子跟一個創辦人老朋友有約，就這麼碰巧，他當天剛好有個面試，隨口跟我一提：「我今天面試了一個人選還不錯，他之前的工作跟你有重疊了三年半耶，經歷也很豐富，做了好多任務……。」

然後我聽完這個故事，包含這位人選，回想了很久都沒有印象，後來打聽下才發現，原來他只做了半年而不是三年半，因爲時間太短、也沒有跟我直接合作，所以當然毫無印象，當場這個老朋友傻眼，那他聽了那三年半的故事……是半年中做的豐功偉業嗎？還是「膨風」的故事呢？這當然不可考啦，想當然這個人選就沒有被錄取了。我說：這倒不只是因爲不誠實的品格問題受到質疑，而是太笨啦！

面對好的工作機會，競爭角逐往往很激烈，求職者都會想一舉拿下，但

在面試時吹牛眞的是不智之舉，尤其是以下四個地雷，切忌不能踩，否則即便再優秀，都會被打一個大大的問號哦。

1. 宣稱年資、經歷。
2. 把團隊成果都歸功於自己。
3. 無意間洩漏公司機密（ex. 營收數字、組織人力）。
4. 離職原因規避眞實狀況、短年資不敢寫。

讓我們逐一來說明最常見的狀況：

地雷 1：宣稱年資、經歷

年資和經歷都是很容易可以打聽或做資歷查核（Reference Check）的，或許你認爲不一定那麼巧，也的確很多公司的人事或用人主管不會那麼費心去打聽，但像文章開頭那個例子就很典型，我甚至記住了那個人的名字，未來只要有相關的 Reference Check 都會想起來，那就是很不好的狀況。

誠實的提供年資與經歷絕對才是王道，爲了虛報年資還杜撰相應的經歷故事，那就扯太大了，也不是讓面試官了解自己能力的方法，即便找到工作，也會和自己的能力有落差。

地雷2：把團隊成果都歸功於自己

每個大型的合作案，一定都有一整個團隊在努力，絕不是一個人能做出來的，在描述這些經歷與團隊成果時，務必要把自己負責的部分說明清楚，切勿把所有的功勞攬在自己身上，舉例來說：我們有些國際型的大合作案，即便在採訪時，我同事都會主動說明：「我只是寫開發信的那位」，或是「我負責開會時翻譯與整理對接IT雙方的需求等等」這就是比較誠實以告的人，也會給人更值得信任的印象。

我自己面試時也特別在意這一點，有太多爲了拿到工作機會，而獨攬功勞的求職者，說得頭頭是道，但仔細一問細節，都不是太內行，這樣也很容易被發現，可能不是完全的執行者。

地雷 3：無意間洩漏公司機密（營收數字、組織人力）

這個問題其實就很嚴重了。

求職者爲了呈現自己以往的工作做得有多成功，往往會量化說明自己的貢獻，我常常看到求職者直接在履歷上寫他的業績數字是多少金額、占全公司的幾成，成長多少後，最後他離開公司時是多少金額、占全公司的幾成。推算一下，完全透露這家公司的營業額、成長率、該部門的營收占比，甚至還會連毛利占幾成，員工人數、組織架構都全盤托出。

這眞的不是一個好方法，尤其在競爭激烈的產業裡，什麼能說？什麼不能說？要有判斷的能力。這種爲了得到工作機會，知無不言的求職者，大家都想找去聊天，儘管很容易得到面試機會，但往往拿不到工作機會，因爲誰敢聘用呢？

地雷 4：離職原因規避眞實狀況、短年資不敢寫

大家通常對於難以啓齒的離職原因，或工作時間太短的資歷都不太敢誠實寫，深怕會讓面試官有不好的印象，但我建議的方式反而是「誠實以告，不避重就輕」，因爲沒有什麼事情可以瞞得住，打聽都可以打聽到，但在說明自己被資遣或難以啓齒的離職原因時，要特別強調自己從錯誤中學習、從挫敗中獲取的經驗。

我有幾個印象很深刻的面試，都是因爲求職者的眞誠以告，甚至自我剖析。「再來一次，我應該會好好溝通，不會輕易離開。」曾經有位求職者這麼對我說，說他拍前任老闆桌子後決定不幹了的故事，我很佩服他誠實以告那段和主管起衝突後，事後自己後悔的心路歷程。

認錯有時並不難，每個人都有失敗的經驗，不必把自己包裝成完美的形象，但一經打聽又破綻百出，像這位求職者，坦然面對自己曾經過於衝動的

性格、以不太妥當的方式來溝通，對我來說，都是誠實以告、不避重就輕的態度，而他也從中反省與學習，這就是好的人生經驗。

以上就是幾個誤區與建議，請求職者務必要留意。

面試時的建議

1. 誠實的提供年資與經歷。
2. 在描述團隊成果時，勿把所有的功勞攬在自己身上。
3. 不要無意間洩漏前公司機密。
4. 離職原因誠實以告，不避重就輕。

應徵不到理想的工作？你該做的不是退而求其次，而是「退到最低」

「Yuki 老師，我目前是在待業中，有上過數據方面的課程，希望可以朝數據分析師的工作發展，但投了很多履歷都石沉大海，我應該再去受訓些什麼？還是拿什麼證照，才可以幫助我錄取呢？」

有陣子在演講或是在求才網站的職涯診療室，都有類似的詢問出現，看了一下大家的年紀，有些已經畢業一、二年，有些則是畢業四、五年，中間只有短暫的工作經驗，通常因爲不適合就辭職去參加訓練課程了。

一般來說我的回答大概都是這樣，「你應該趕快在自己喜歡的產業，找一間對數據分析很重視的公司，先進去邊上班邊學習，即便職務不是數據分析師，都可以從旁學一點實務經驗，這樣的進步會讓你最快進入狀況，也會更貼近市場。然後需要什麼軟體工具的應用技能，等進公司後，再利用下班時間學，上班時有機會接整理數據或報表的任務，一定要舉手爭取多做，這個機會不是要求表現，而是做了報表，就有機會『被主管指導』，這樣進步才會快！」

但那麼多年來，相關的疑問還是很多，大家還是認爲讀什麼科系就可以錄取什麼職位、上什麼證照課就有機會做什麼工作，這種迷思會讓人迷失，並且出現知識焦慮：因爲學習是終生的，昨日的學問可能成爲明日的包袱，過時的知識不一定有用。重點還是實務應用最重要，累積起來的經驗會幫助你的判斷。有機會在工作時，多接一些可以被老闆親自指導的工作，一定要多接，那是最快的私塾。

以這個年輕朋友的提問來說，我會建議他先踏入零售品牌、電商或是餐飲業、通路業這些十分看重數據分析的產業。

爲什麼？因爲這些產業的門市、通路都很多，光是要計算、預估出業績數字與各通路的營收與獲利表現，就要花大半力氣，尤其是傳統產業（零售品牌、通路業），他們都幾十年歷史了，所以早有一整套架構與邏輯在看數據，有機會進去工作，就算只是做一個業務助理或是專案助理的工作，都會在各報表、系統、工具中練功練到天昏地暗，一次就架構性的學會一門生意該看的數據與分析的視角、還有數據分析後各部門的行動方案，那才是真正的精華所在。

POINT 1：想學數據分析，零售業是超理想的練兵場！

擁有人、貨（庫存）、場（場域）三個難題的零售業，真的很好練兵，尤其貨愈複雜愈好，例如：鞋子有尺碼、男女裝有季節性與新舊款，上新貨很快，下折扣也很快，場（場域）愈多類型愈好，例如：又有實體店、又有百貨門市、又有暢貨中心（Outlet）、又有電商，每一個通路的配貨不同，抽成不同，要求也不同，這個做起數據分析才會練得徹底。

POINT 2：將產業競爭性納入考量：傳產或許不 fancy，但能學到東西才是關鍵

電商、新創的工作，年輕人很喜歡，所以競爭也比較多，如果一直等不到機會，可以往傳統產業走，因爲你要學的是整套行之有年的架構性實務，歷史悠久的企業，一定也有很多紮實的數據運營基礎，不一定是要朝很亮麗的科技業、新創或電商走，不要爲了心中的夢想職位而等待，你要的是每天都朝目標前進一點點。

我覺得假設我想做一個數據分析師，有這種紮實的業務助理的工作，即便薪水二萬，我都會去做，因爲我獲得的產業知識、整套思維邏輯，是付再多學費都沒有機會學的，更何況業務助理整理的報告是給誰看？是業務主管、總經理、或是經銷主管等等，所以第一時間可以聽到他們開會時的解讀，也知道團隊後續採取的行動方案，這對初入產業的年輕人是再好不過的機會。

手上擁有更多工具、更清楚架構與具備邏輯分析能力的人，當然可以在

面臨這樣的工作時，有更好的產出、更有效率的工作方法，但是再多練幾種工具、再多拿幾個證照，都無法取代實務經驗的收獲，所以我的建議會是，趕快去找一個重視數據、又有大量數據可以整理分析的工作吧！履歷不要再丟數據分析師了，營業助理、業務助理、經銷部門專員等等，有機會就趕快去，做久了自然可以朝數據分析的職務愈來愈近。

有時候你拿不到想要的機會，不是退而求其次，而是必須退到最低，只要有一個機會練習讓自己距離夢想的練兵場更近一點，那才重要。

獲得自己理想工作的訣竅

1. 先進入相關公司邊學習邊工作。
2. 下班後學習需要的技能或專業。
3. 爭取多做得到被主管指導的機會。

想跨領域轉職，但不敢投履歷！缺乏相關經驗、作品，就不能轉行嗎？

「好想轉行喔，但是沒有相關經驗、沒有念相關科系、沒有相關領域的好作品，因此遲遲不敢行動……」有說到你的心聲嗎？

有太多身邊的年輕朋友都問我同樣的問題：好想跨領域，但可惜沒有相關學經歷背景，不敢投履歷。事實上，跳脫框架後，你的機會其實很多。

我自己在零售品牌當總經理時，曾經為了給業務單位更足夠的支援，而大膽用了零售部主管轉任行銷，當時的改變，除了改善品牌形象、會員經營外，也因為利用各種行銷點子幫助零售與行銷整合，對業務前線的通路行銷就如即時雨一般的到位。這是我自己看到的，大膽用人的好處，當然當年那位零售主管敢挑戰自己不熟悉的領域，空降成為部門主管更是不簡單。

在先前的旅遊平台工作上，也曾有客服同事下班後自學設計，帶著作品自薦成功，轉任到我們的行銷業務團隊負責活動頁設計、廣告素材設計等等工作，過陣子還轉往前端工程師發展，做了UI／UX使用者體驗設計的工作，這些都是靠他自己自學。所以，在我的角度來看，只管自學能力到位、意願足夠，再來就是勇敢自薦的主動性，千萬不要因爲沒有相關學經歷就不敢跳出框架，嘗試自己有興趣的職務。

建議想轉行的人，可以從這些項目開始準備：

1. 找到自學進修的管道

目前進修學習的管道十分多元，透過傳統的教育體制或自己看書，比較需要花時間，那麼可以選擇線上學習，太多實務經驗豐富的業師，都有在線上學習平台開課，利用零碎時間學習還可以回放影片，不懂也可以社群發問取得回應，沒有時間學習應該已經不是藉口，除非意願不足夠。如果眞的不能兼顧工作與學習，看看能否內部轉換職務，來擠出學習時間，投資自己的未來職涯。

2.找到眞正的業界朋友，一起共學

一個人的學習事倍功半，尤其在不熟悉的領域，但加入相關線上、線下社團，可以找到一群跟你一樣在某些題目有興趣的朋友，一起共學與探討，舉例來說，光是對社群行銷有興趣的人，可以加入的相關社團就有好幾個，網路行銷、SEO也是，這些每日切磋交換意見，會讓你更快掌握最新資訊與概念，還可以共學、發問等等。

3.直接上戰場

前公司有一年擴增社群行銷團隊成員，社群主管找到的行銷同事是完全沒有經驗的新鮮人，但經過實際上戰場演練，還是有很多厲害的成功作品出現，這就是實際上戰場的好處，如果恰巧遇到這種擴編中、接受無經驗者的機會，就要大膽把握，即便會被逼著快速成長、工作量大增也要勇敢嘗試，因爲能給無經驗者從零開始練功的機會難能可貴。

想嘗試新職位，但不被接納怎麼辦？

但也有個狀況是，雖然有跨領域、走出舒適圈的勇氣，卻不被市場或公司主管接納，而無法圓夢，以下也提供意見給大家參考，看看是否能走出另一條路。

1. 想要內部轉換崗位，但是公司想要即戰力

這是很常見的情況，建議可以準備作品集，或是直接把該職務的工作做出一份自己的提案，具體讓用人主管知道你可以做到哪個程度。我曾經從行銷職內轉業務單位，當時我直接用業務部的客戶商品，做出提案企畫書，在

面試時把用人主管當成客戶、對著用人主管簡報，因此被錄取，否則太過年輕、沒有業務經驗的行銷人，很難被業務主管信任。

2.投履歷石沉大海

愈是夯的產業、職務，愈是競爭激烈，你可以考慮多投一些不同產業同職務，或是同產業不同職務的工作機會，待成功進去之後再積極學習、累積實戰經驗，爲下一段職涯做準備，鮮少人可以一步到位，即使多轉幾步，只要能愈靠近就愈有機會。例如：想朝數位行銷發展，但總是連面試機會都沒有，可以先朝電商平台的上架文案編寫、供應商管理、產品質控管等職務開始，進去之後再多多學習，看看是否有機會內轉。

總之，在扼腕無法擁有轉職機會、更好發展的同時，其實還有那麼多事可以著手準備，未來可以好好朝自己的興趣發展，自我精進。

給想轉換跑道的工作者建議

1. 找到適合的自修進修管道。
2. 找到可以共學的業界朋友。
3. 先進入相關公司直接上戰場。

多一個文憑，對工作沒加分嗎？想轉換職場跑道，離職去進修，可行嗎？

在一片學歷無用論的聲浪中，還是有很多年輕同事會問我：「Yuki，你覺得我該去念一個研究所嗎？」

那我倒是必須先問：「你想念研究所的目的是什麼呢？」

「以前家人希望我先出社會，以後要念書再說，怕念了以後沒用，但我出社會後看到許多高階主管都有碩士學位，是不是要往上爬一定要有名校的光環或是至少碩士的文憑啊？」

這是我最常聽到同事的回答，但是如果是想拿高薪、想擁有更好的工作機會，那麼念研究所、提高學歷不一定能達成目的，反而還有可能因為工作中斷、花兩年時間念書造成與市場距離太遠，或是少花了時間精進實務技能，最後念完反而錯失很多工作上的機會。

但如果你只是希望一圓念書的夢，像我年輕時就因爲太早出社會，沒有機會念研究所，後來選擇在工作七八年時，申請在職的行銷碩士研究所，考上後幾乎是白天上班、晚上趕著上課、周末也要上課，還要抽時間交報告、分組討論，日子過得十分忙碌，那是爲了一圓心中的夢想而讀，倒沒有特別想要爲工作加分的目的，那讀起來雖然辛苦，但很能享受其中。

因爲這是我的夢想，所以吃苦當吃補，即便辛苦也念得很開心，更重要的是，我發現念書其實是把已知的實務經驗歸納爲有系統的學科，就像在腦中一一建檔歸類一樣。書上都有教的行銷，在實務上做過，反而更容易理解，也更容易在重新學習時，可以與教授、同學互動，提供獨到的觀點，彼此貢獻實務經驗與看法，教學相長之下，學得更深、學得更廣，也有新的啓發，這對我來說，花兩年時間就很値得。

否則當時的自己已在外商工作多年，念這個研究所，反而主管是阻止我的：「工作如此累，還去考什麼研究所，想累壞自己嗎？」「妳就算只有高中畢業，公司都會讓妳當上主管的，妳都有多少資歷和戰功了？誰還管妳的學歷？」

事實證明的確如此，後來的工作，根本也沒人再問我學歷的事，即便我還是花了兩年把研究所念完，還因爲念全英語學程，得要請一對一家教同時補英文，十分忙碌，那兩年工作加念書，簡直是把自己給逼死。

碩士學歷不會幫助我們拿到更高的薪水，也不會幫我們拿到更好的工作機會，尤其是當你已經畢業多年，擁有作品、戰功、實務經驗與技能後，影響力更是小。

但如果你是像我一樣，擁有一個念研究所的夢想，那麼當然是可以去念，那就別管學費、時間、精神投入的報酬率了，因爲夢想的實現是無價的，自我滿足感也很重要！但如果你只是爲了追求加薪、工作機會，那麼好好把握眼前的工作、將自己的技能培養得更深厚，這都更有實用價值，並且投資報酬率也更高。

另一個情況是轉換職場跑道，想靠離職念書去充實技能，可行嗎？

「我目前在大公司擔任文書一年多，算是輕鬆，但不是我有熱情的工作，眞的不想再浪費時間了，雖然薪資福利都算不錯、主管對我也很好，但最近積極想換網路行銷的工作。或許因爲沒有相關背景和經驗，丟好多行銷企畫職缺都沒有上，少數有面試機會的，也被發無聲卡，我是不是該直接離職，全心去進修呢？」

曾經被幾個年輕人問過很類似的問題，我的建議是：務實一點想事情。

首先問自己：你有即戰力嗎？

不管在電商、傳統產業，基本上行銷或是網路行銷的職位都是規畫在業務單位比較多，這種在前線打仗的角色，最重要的是即戰力：專業、實戰經驗兩者不可或缺。

如果你離職去受訓，但受訓結束後沒有實戰經驗，對方錄取你後，還得要等你慢慢上手，這個學習成本太高了，鮮少有公司會願意冒這個風險。

還要考慮，你進修的職能與職缺匹配嗎？

有些專業的職能範疇很大，以行銷工作爲例，幫助業務達成目標的通路行銷人員、純線上廣告投放的投手，或是產出行銷活動的企畫，都叫做行銷。如果在小型組織內擔任行銷工作，可能需要你一個人或是少少兩三個人包辦所有職能，此時要從完全不懂到樣樣專精，是需要很長時間的，而離職一年所學到的，跟有興趣的職缺不匹配的情況，也滿可能發生。

不離職，也能擴充新職能的方式

所以，針對轉換跑道缺乏技能，我的建議是：

1. 公司有職缺，就把握內部轉調機會

在崗位上好好表現，若有行銷企畫助理或是專員等願意給新人機會的職

缺，就尋求主管支持、讓你有機會申請內部轉調，這是可能的轉職通道，憑藉對公司的了解，從產品角度、顧客角度一直到公司文化等等，都會是你在這個職務上的加分，當然你若有好口碑，主管和同事都讚許你的敬業態度，那麼就更加分了。

2. 線上課程或是自學，也可以幫助你理解更多、技能提升

有機會就跟公司其他部門的同事請教，自己想要學習特定專業的進修計畫。承接上述例子，假如是想朝行銷企畫發展，那麼就請教行銷主管或是同事，看看他們建議什麼行銷課程、什麼軟體等等，可以自學或是參與線上課程，這些都可以在零碎時間、下班時間學習，即便上班很忙無法請假，也可以持續進步，幫助你更理解自己有興趣的工作。

轉職動機強烈到想離職去進修的人，可以參考以上建議，把這個能量轉換到自律的學習、或是在組織內部尋求一個相關職能的機會，這些都可以讓

你免除職涯中斷、或是新職務降落失敗，甚至一直找不到適合的工作、只好頻繁換工作的狀況。

什麼時候該去進修？

1. 想一圓心中的夢想。
2. 轉換職場跑道。
3. 內部轉調需加強相關技能。

準備好幾天的報告，卻還是被主管問倒？會議上的問答攻防，其實有辦法練習

A部門的同事，好不容易拿到一個拓展生意的好機會，謹慎評估後做了完整計畫，向老闆呈報，沒想到一開始很順利，但最後面對老闆問的幾個問題，卻突然詞窮回答不出來，一來是這些問題牽涉到更細的試算，一時心算算不出來，也怕亂回答會出錯；二來是某些問題牽涉到跨部門資源協調，沒有先詢問過，不敢亂回答，總之，這一個很棒的好機會，就在一個沒有結論的會議後，決定暫緩，A部門的同事覺得很失望，最後合作案被別的公司拿去，果然一炮而紅，讓同事更爲失落。

很多人報告一遇到老闆提問就支支吾吾講不出話來，明明準備得很好的資料，但總覺得老闆一問就全都是破綻，好像是自己隨意回答、沒有想清楚一樣，事後十分懊惱；又或者像開頭的A部門同事一樣，明明是一個很棒的

提案，卻被自己接受老闆提問時的回答，搞得很沒自信。這些狀況並非是沒做好準備，有時是少了「自問自答」這個程序而已。

首先要先有一個概念：準備報告是順著自己的架構與邏輯，但當報告者被提問時，則是依照別人的邏輯，兩者的準備方向完全不一樣，這也就造就了「爲什麼很認眞準備『自己的報告』，會無法回答別人的問題」。

那究竟該怎麼做呢？

方法一：從他人角度出發的自問自答

我認爲這樣做眞的很有用：在整份報告完成後，每一個段落、每一項重點都試著自問自答，並且筆記下來。

跳脫出自己的架構與邏輯，硬是讓自己找出一、二個問題，自問自答；然後再依照問題，記錄下自己的答案。這是一個很好的訓練，不僅在既有思考架構下書寫報告，也試著再找出不同的切角、論點或疑問來問自己，即便知道答案，透過這樣的書寫練習，回答時的完整性與架構比起臨場反應的回答，絕對是好得多，報告時如果遇到其他類似的問題，也可以回答得較爲完整。

如果要再進一步準備，可以根據報告當天出席的對象，在每一個段落、每一項重點都試著問一至二個問題，例如自己扮演財務長問：「這個數字是怎麼堆疊出來的？有扣掉其他延伸的費用嗎？」或者人事主管問：「你的這個計畫所需要的人力是既有的嗎？要從哪裡調派人力呢？」又或者執行長問：「這個計畫的ＩＴ開發有問過排程嗎？時間內眞的可以完成嗎？用戶體驗會好嗎？」

然後依照這些假設的問題擬定回答，再書寫記錄下來，反覆思考自己的回答是否夠完整，有沒有更好的表達方式，或是需要另外準備資料來輔助回答？例如：是否需要準備附件把營收成本試算表都先做好？是否要把人力配置圖（含新增與既有人力支援）與人力成本都先規畫好？

從出席者角度出發進行自問自答後，可以發現提前做哪些準備，能讓回答更完整，即便最後用不到，也幫助自己從不同的面向出發，擁有一套更完整的思考模式，更能幫助計畫成功。

方法二：找主管開會前會，事先收集建議、疑問

還有一個更有效的方法是會前會的訪談。

爲了避免在會議時出現太多發散的提問，或者討論失焦，導致在有限的時間內無法有結論，最後因爲會議時間到了，只好草草結束，案子又被暫緩評估，失去時效。建議可以針對報告方向先提早與主管或與會者進行訪談，先收齊意見，或針對他們對報告內容提出的問題，提前準備回覆，如此一來可以讓報告當天較不緊張，報告內容也較完整，可以快速幫助相關主管做決策，推進決策速度。

很多提案者不敢主動找老闆進行會前會，那至少可以從參與決策的主管

們下手，多少可以得到不同於自己思考邏輯的面向，對於準備簡報與提問也會有幫助。

花了好幾個小時、好幾天準備一份很棒的報告，千萬不要最後敗在問答上。花一點時間練習自問自答，不僅是推進報告成功的好方法，更是訓練自己多元思考與答題架構的能力，投入一點時間，可以得到的效用是雙倍，何樂而不為呢？

會議報告前應注意的事項

1. 從出席者角度出發進行自問自答。
2. 找主管進行會前會，先蒐集不同於自己的思考邏輯。

前兩年都暢銷的產品，爲何今年業績好難做？一邊維持一邊開發新商機

普遍在公司裡，都會同時有新、舊事業並行，一方面是市場成長不夠，除了既有的生意外，大多會想找到其他的成長引擎，來展現企業健康又持續成長的動能，另一方面也是考慮競爭問題，既有的生意現在好做也不能只做這一項，總要替未來的變化與競爭做準備，多一點營收成長的機會，企業總是比較健康。我自己經歷過的工作，公司和主管都有這樣的好習慣，會一邊做大、一邊不停止找新商機，自己在過程中發現幾個學習，對我的啓發非常的重要，很珍惜這些收穫，筆記下來與大家分享：

收穫一：有時候從零開發，比槓桿現有資源更快

發想新事業的題目時，透過盤點既有資源，去槓桿出新的商模不一定比

較快，反而是從新趨勢與市場有劇烈變化後的服務缺口出發，比較容易成功。

前者的情況有一點像陷入了策略迷思，從數據分析的角度看到優勢，因而幻想出一門生意去做，想說可以利用既有的優勢與資源，然後執行時才發現困難重重，或是幻想很美好，但現實很骨感，的確有生意，但不太又很難規模化。

舉例來說，剛好本來的生意在做數位行銷時發展出很多創造高流量文章的方法，所以就天馬行空的想說，不如將內容流量變現，看是要導購分潤或是要找贊助商開版位，二者都試看看，結果是沒效率又沒規模、也沒有生意的優勢，只空有流量一項要展開新的收入沒用，還花了人力去到處提案。與行銷夥伴合作，分到的流量導購金額和廣告費很有限，倒不如專注在本業，滿足因市場變化而產生的消費者需求，和供給缺口去思考原有生意的延伸，還比較有賺頭，後來同事們很快就發現，轉向後果然找到對的目標。

收穫二：此時「賺快錢」有多容易，明年就有多頭痛

新事業都有短時間內要看到成績的壓力，所以執行者難免會想用各種方法來增加短期營收，但「賺快錢」和「賺可持續的錢」，兩者在時間的複利效應下，一、兩年後，差異會非常大。

YoY（year on year，年增率）成長做不起來，往往不是跟產品、市場、業務相關，而是前一、兩年做業績的方法有關，要仔細回溯檢討。如果你恰巧是接手的人，或許不免得背下業績停滯的鍋，這時要忍一下，千萬不要因此自我懷疑，覺得是不是自己不會做？反而要時時提醒自己，不要做一次性生意，如果要做，那明、後年面臨成長的壓力時，就要付出代價。最常見的情況就是下殺折扣，我常看到很多網路或實體店在做買一送一，那時就會想，明年呢？會不會同一時間也要買一送一？不然這檔下殺那麼大的折扣，明年的年成長要從哪裡補這個洞呢？

收穫三：新事業規模化的挑戰與局限，需要取捨的智慧

當手上有好幾個新事業時，要放大、投入資源就會有挑戰，目標到底是要衝市占、營業額、獲利、拿下關鍵指標客戶？每一個戰略對應出來的方案都不一樣，或許會需要時時彈性調整，團隊也要能夠靈活應對。

如果能夠把每一個新事業都調整到每一個目標都能實現，當然最好，但現實的情況往往沒有辦法兼顧每一個目標，因此非常非常需要取捨的智慧。

例如，有些生意剛好遇上好時機，市場上沒有競爭，現在推展可以輕鬆搶到市占，等於事半功倍，那麼即便獲利沒有其他生意那麼好，但以長線思維來看，此時投入還是很值得的，那麼就該投入資源做長線投資。

新事業變化多，需要用更快的步調調整，因此主管跟同事的一對一面談很重要，建議每周彼此對焦一次，新事業穩定後，可以改成兩周一次，不僅可以穩定團隊主將的士氣，也能適時給予資源調配與協助，更重要的是，主管自己也可以從一線人員的經驗和嘗試中學習，就像我一樣，收穫最多。

以上的收獲與學習不只我，相信大家都經歷過或聽聞過，所以重點是記取這些教訓，常常拿出來提醒自己，就不會總是扼腕：又來了！

開發新商機須注意的事項

1. 從新趨勢與市場有劇烈變化後的缺口出發，比較容易成功。
2. 不要做一次性生意，要賺可持續性的錢。
3. 在調整方案時，與主管約定固定時間的一對一的面談對焦。

眾人看衰的業務，憑什麼成功？我從「吃力不討好」的部屬身上，看到的贏家特質

一個本來就合作很密切的外部行銷夥伴來找我，說他們規畫要做一個新服務，負責這個專案的同事想要來問我的意見和看法，因爲這算是一個組織內的新創計畫，需要前期有合作夥伴願意一起開發、一起做。他們前一次推出的新服務也是由我們擔任合作的先鋒，上線時獲得好評，因此各家業者湧進，幾年後的現在早就是熱門服務了。

我立刻答應，很快就見了對方的技術、業務、PM（產品服務經理），對於這種創新服務本來就很有興趣的我們，聽完很快就決定著手投入，成爲首波合作夥伴。

問題來了：爲了做這個合作，我們要投入許多資源，首先IT需要配合寫一個小程式對接，難度不高，但會造成其他專案的延遲，再者，這種商業

模式是新的，所以法務、財務流程都要重新來討論，甚至法規上的相關規範，也讓我們需要多做許多功夫。還沒完的是，因爲還是一個新服務，後台介面不能自動化，導致我們同事上架商品時是半自動的人工，上完幾百、上千個商品要花好幾周時間，還要注意目前的系統限制，使得某些複雜的商品無法上線，這之中都一直有各種聲音說著：還是算了？反正也不一定會成功，說不定做一下就收起來了，害我們白花時間。

有趣的是，我一直觀察負責這個案子的同事，幾個月來，他不只耐心溝通所有的部門，而且只要別人說「不」，他就默默撿起來做，眼看他快要全部自己撿起來做了，當中還遇上好幾次因爲溝通卡住，他就來找我陪同與會，說希望我發揮創意、一起幫忙想辦法，一個這麼麻煩的案子，又是沒有前例可循、無法預測潛在的商機，遇到別人問：請問你預估這個有多少業績的時候？還要大膽假設出一個合理推論。

他就這樣自己一個一個商品上架、跟好多跨部門的單位溝通，十個人遇上這個機會，我不知道幾個人會半途放棄？預估至少一半以上吧。

你敢賭下去，才有贏的份！

結果是什麼？跌破大家眼鏡，它的成效在所有訂單來源中名列前茅，而且幾乎都是新客人，因爲我們從來沒有做過這樣的合作與服務。對方推出新服務後，發現我們的訂單成效很好，還給我們更多機會可以曝光品牌、資源也更豐富，成效當然更亮眼。

我年輕時，也是一個敢衝、敢賭的人，很多別人嫌麻煩、不確定勝算的合作，我都願意接，也因此找到了許多生意機會，常常達標都是靠創新，而不只是靠優化，看到這個案例、也觀察這個同事處理大家懷疑眼光的過程，有一種遇上知己的感覺，很好！

我在事後問過這個同事：「你遇到那麼多困難重重的阻礙，這個新案子上線後又不是打包票一定會成功，你爲什麼沒有退縮？」

他回答我：

「因為沒有人做過，我想做！而且如果成功的話，我們又開出另一種生意的可能性，這個突破對公司來說很重要！其他已經成熟的生意都會慢慢變成紅海競爭，我們很需要這種新的生意模式，有先行者紅利！」

為什麼敢賭的人贏？因為敢賭的人看到別人沒看到的機會，更重要的是在還沒有眼見為憑的勝算時，他們擁有信念！相信這條路可行。

想逆風而行的業務要注意些什麼？

1. 耐心溝通，做別人不做之事。
2. 敢衝敢賭，承受得住壓力。
3. 時時創新，看到別人看不到的機會。

已經敲定的事，會議中突然被否決，如何避免衝突理性討論？

「我覺得這樣不行耶！這個要很注意耶！」一個例行會議中，Emily只是把上周早就討論過的內容，重新盤點過一次而已，但她的同事Joe，卻突然打開麥克風發言，中斷Emily的報告。

同場的同事們，突然從神遊中聚精會神了起來，疑惑從來不關心該專案的事務的Joe，怎麼會突然對例行報告有這麼大的反應，就在大家很困惑時，他又繼續發言了：「這種報告應該要有具體的內容和細節啊，不然怎麼判斷？大家也才能有共識啊！我覺得應該是這樣才對的！舉例來說，你第×頁，講這個內容，沒有搭配××和××，大家不能明白啊！」

繼續一頭霧水的Emily，還沒從被打斷的詫異中回神，只好先回覆：「哦。」心裡對於Joe的反應很不能理解。

有些人引起「衝突」或許只是為了刷存在感

遇到反應激烈、凡事都有意見的反常反應者，我建議身邊同事或朋友的做法都是：認眞聽、做筆記，謝謝對方的好意指教。

有時候可能對方其實沒有那麼生氣，只是覺得自己沒有被重視、或有些內容事先沒被告知、或沒有被徵詢意見，導致心裡不舒服，或單純只是爲了發言而發言，強化自己發怒的信號，引起大家的注意等等，這些行爲都很正常也很普遍，我會建議大家面對這種情況要採取平常心，不需要把那些情緒或口氣往心裡去，而我們只要針對內容做檢討就好。

再更進一步，要避免這樣莫名奇妙、讓你意外的衝突發生，有幾件事情，可以提早準備，避免自己被這些想刷存在感的人情緒化地對待。

1. 一對一的溝通不可少

有溝通、有傳達但卻沒有結論，因爲一個冗長的大堆頭會議，大家並不一定能全神專注，更有可能放空，根本沒在聽，導致已經開過的會議，大家事後還是意見很多、想法不一致。

所以即便要多花點功夫，一對一的溝通也不可少，可以採取小組或一對一等人數少的溝通方式，傾聽所有人意見，這對於凝聚共識會很有幫助。也會減少文章開頭的 Joe 那種會議中突然情緒起來的建議。

2. 準備提問單與會後問卷

在 Emily 的例子裡，如果事前可以把報告就先寄出，並附上提問單，大家就可以事先看過，並且在提問表單上提出疑問，而 Emily 也可以在報告後，逐一說明大家的提問內容，這對會議的流暢度與效果會有很大的幫助，與會者也會感受到被尊重，並且疑問有被解答。

而事後問卷的效果也很好，與會者若會議中沒有及時提出問題，或對於召開會議者有任何意見，都可以更具體、完整地表達給專案負責人知道。

3. 主動讓大家刷存在感

會議前，召開會議者如果可以給大家一個機會，刷刷存在感，其實不僅對會議的進行會有很正面的效果，也能夠增加與會者的參與度。

舉例來說，前幾天有一個對外的會議，與會者大概有十人，除了主動先請對方幫我們介紹他們團隊每一位夥伴外，也揮手或出聲和新朋友問好，再來可以把自己的同事，逐一介紹給對方認識，有時候我也會加一些幽默的介紹文橋段等等，這些都是有助於提高大家的存在感，並且讓會議進行得更順暢的小祕訣哦！

如果你發現 Emily 的故事在你身邊發生，不妨再來回顧這一篇文章，把三個小技巧再看一遍，實做看看，或許一切會不一樣。

會議中意見不合避免衝突的方法？

1. 私下一對一溝通。
2. 事先把報告寄給與會者過目。
3. 製造彼此互動的機會。

你的問題，沒人會比你更像專家！用三種心態面對焦慮

很多人有學習焦慮，總是一直往外學，深怕錯過別人分享的經驗，或是深怕別人懂的新技術、新手法自己沒跟上。當然適時地撥出時間涉獵新事物絕對有幫助，但更有價值的學習其實是從自己的每日經驗與嘗試中抽絲剝繭。以下是我的幾個體會：

1. 我們常常記得要從失敗中學習教訓，但忽略了「成功的經驗」也有很多地方要學。

從失敗中學習經驗是一句老話，失敗的時候會特別讓人印象深刻，反省與檢討好像是自然反應一般，往往不用主管督促，我們也會自己從頭想一遍，甚至更有心的人會試著筆記下來，寫成報告，讓自己或是同事也可以一起學

到，這是失敗的時候，我們會記得的事情。但成功呢？

「Yuki 你們做得好棒！你們的團隊眞的很了不起，很不容易！」當身邊的人替我們開心的時候，別忘了，除了慶功，這個成功經驗的背後也帶來很多學習的機會。

舉個例子來說：遇到舊事業行不通，需要轉型時，往往會面臨沒有行銷費和資源、也沒有懂得新事業的同事，大家都要從頭學起，一開始一定要經歷很多試錯，那個時候採用分享會的方式是個好辦法，主要就是在分享成功經驗，探討該月有什麼進展是成功的，再讓負責同事來分享，他爲什麼會開發這個商品？當時是看到什麼數據因此有這個想法？開發過程中如何突破？後來上線後有什麼行銷手法？最後又怎麼延續這個成功？我們不只是拍拍手鼓勵，也在成功經驗的地方停留一些時間，讓大家可以一起探討這個成功案例可以學到的有什麼？

還有一個例子是舊客回購，當發現有一些客人會一買再買，不需要行銷，好像任何新商品上架都逃不過他的注意，我們又回去追這些會員當初是怎麼認識我們的？購買了哪一類的商品？有了一些結論後，我們定義出透過哪些商品、哪些行銷方式認識我們的新客人最有價值，然後在開發商品時，特別看重這些商品的開發跟行銷方向，這就是從成功經驗深入洞察的好處，可能十年磨一劍，但這一劍磨得很賣力，所以成果當然非常好。

2. 你就是自己問題的專家，要對自己解決問題的能力有自信。

很常發現許多來跟我請教問題的人，他們其實都在自己的領域做很久了，根本沒有人比他們懂，但他們還是不安心，希望來找我問一問，我都會提醒他們：

別小看自己，市場上沒有人比你還懂你的情況，注意力應該回到自己所面對的問題上。

我常常都只是簡單詢問脈絡，對方就可以自己解答了！因爲答案早就在他心中，只是不太有信心而已。我會建議大家：與其讓不懂現況的人來給你決策方向，不如自己試錯看看，從眼前的每日學習線索中找答案，因爲你就是自己問題的專家啊！就算跟你同產業、或是跟你做同樣職務的前輩，也不一定了解你的客戶、你的產品或是你手上可以匹配的資源啊！

3.新技術、新方法可以聽聽，但實用性如何？

有沒有資源去嘗試？要先想一下。

每一個公司資源都是有限的，當我們選擇要做一個不成熟的新技術、新方法時，要確定機會成本是什麼？爲了做這件事，勢必要有些事情被放棄掉，值不值得呢？不能只看機會不看損失、也不能只看好的那一面、而不去看看實際執行的勝算有多少？技術目前成熟嗎？應用面有成功案例了嗎？

尤其是喜歡追求創新的人，最該注意的就是「學習節制」，要多一點務實思考，如此一來才能從一步一腳印的穩健營運中得到更多，而不是奢望科技可以解決累積已久的基本問題。常常看到很多主管喜歡參加創新論壇、參與一些創新社團，這些資訊當然不錯，但回頭撿起日常工作的問題，才是眼前最重要的事。

從自己的成功經驗中挖掘更多機會、相信自己就是自己問題的專家、不盲目追求新科技，這三件事可以讓自己專注在自己的進步上，或許很少人能夠做到，希望分享出來對大家有幫助，也可以避免學習焦慮與FOMO（錯失恐懼症）現象。

焦慮的時候該怎麼辦？

1. 學習他人成功的經驗。
2. 別小看自己，專業領域你最懂。
3. 評估創新的實務性。

無法說服他人，問題不在「人微言輕」！一個能力的好壞，決定你說話的分量

「我就人微言輕不是個咖啊，講話沒人要聽。」

小美在公司營業單位任職，算是第一線的資深同仁，她常感到滿肚子委屈，因爲公司產品很爛、比不上競品，系統常出狀況，害她被客人洗臉，每周上班日雖然只有五天，但常常周末還要爲客戶排除系統問題，連假日也壓力超大。

「妳有跟公司產品部門建議過要改善嗎？」我問她。

「有啊，那些客訴跟抱怨、每周末出包的救火隊任務，產品部門都嘛知道，主管也在群組裡啊，而且我們定期都有產品會議，我反映客戶的抱怨那麼久了，也沒有個進展。」小美回答。

小美的情況其實很普遍，在公司資源有限，許多各項目都需要改善時，

那些客訴、障礙排除、產品會議的記錄，如果每一項都要排進產品開發或升級的排程裡，或許再多人力都不夠用。

想要推進手上的產品，重點是要能有自己的觀點，而且言之有物，讓人隨著你的觀點把產品改正後，可以看到業務突破，那就叫做「信用」。經歷幾次後，你的話就有人要聽了，所以重點不在說服技巧、不在人微言輕，而在於觀點獨到又有信用。

「表達觀點」跟抱怨的不同

什麼是觀點？例如：先改善什麼項目才是重要的？爲什麼是這一項而不是其他項？這個項目的做與不做，以小美的經驗來說，差別是什麼？

這就是小美該表達的個人觀點，此時完全不需要提及：

「因爲A客戶說這個功能很重要，沒有的話，他不續約，要終止合作。」

「因爲競品有這個功能。」

「客人抱怨很多，我們客訴處理不完，再不改我們都沒時間做業績了，都在處理客訴。」

以上三段會議中常出現的業務回報狀況，不叫做觀點，叫做事實。而解釋爲何要關注哪些事實，才是有價値的觀點。

常見的產品或營運改善會議都是抱怨大會、業務或客服抒發大會，那是因爲第一線人員沒有培養自己的觀點力，而後勤或研發人員距離市場、客戶太遠，總是要用猜的，才知道什麼該先做、什麼可以先緩一緩。

以小美的例子，不妨改爲這樣表達觀點：

「先把產品的後台界面改好，因爲客戶目前都是交給工讀生操作後台，但是第一線缺人很嚴重、人員流動快，如果後台功能太複雜，沒有一看就懂的用字、清楚又簡單的使用界面，會導致工讀生按錯，現場沒人可以排除的話，會造成客戶的困擾。」

去除雜訊，才能好好呈現觀點

小美可以依照目前的產品開發人力，明確的表達自己對行業、客戶第一線使用狀況的觀察，並且刪除「雜訊」。雜訊就是抱怨、負面情緒，還有各種對溝通沒有加分的事實，例如客訴十八件、競品功能落差二十件等。

在提出事實後，加入自己的理解與判斷，給予明確且可行的建議，才是有價值的觀點。看到這裡，回想一下前文提及的抱怨大會，是不是落差很大？若小美的觀點被採納，客戶使用的後台介面改善後，下一步可以進行客戶的意見訪談，甚至去現場看一次客戶實際的使用狀況。若的確有解決問題，就要回報給公司內部。然後按照自己的觀察，提出下一個該改善的項目。

這樣下去，就能逐漸培養個人信用，未來有資源時，大家一定比較願意聽小美的，甚至還會私下問小美：我手上任務一堆，根本做不完，以你的經驗來看，你覺得哪一個可以先緩緩？哪一個很重要？

無法說服他人怎麼辦？培養觀點永遠是第一步，再來是維持信用。絕對不要把時間先拿去培養說服力，當你的觀點與判斷力都不明確時，沒有辦法說服別人是很正常的，叫老闆來替你出頭也沒有用的，那反而會是公司的災難。

如何表達能說服別人的觀點？

1. 有獨到的觀點且有信用。
2. 不說太個人的感受易流於抱怨。
3. 提出事實刪除負面情緒。

Part 3

如何在職場關係中站穩腳步？
外向者 E 人 vs 內向者 I 人

每個人都有自己的性格，那是從DNA、成長背景、人生大事件一路累積的，很難因爲訓練、勉強或是模仿他人，就改變或去扮演另一種性格的人，內耗感會讓人很疲勞，所以還是建議做自己就好。無論是外向E人或是內向I人，懂得怎樣會自在就怎麼做，要相信每一個人都可以運用自己的性格完成任務，不是非要學習模仿其他人不可，要發展出一套在職場關係的應對之道，每個人都是獨一無二的。

我自己是不應酬、不跟同事下班後喝酒聚餐的，因爲我有兩個小孩要陪伴，再者是我內心是一個妥妥的I人，每次去社交場合都好內耗，很快沒電不說，隔天還有一堆公事要思考，前一晚的應酬很影響我隔天的工作效率。但工作二十多年的經驗讓我知道，即便是內向的人，也可以有自己一套跟同事培養好關係的方法，最有效的方法就是爲對方著想、多問對方：我可以怎麼協助你？幫助你？

因爲職場上大多數人都筋疲力盡的追逐自己的工作目標，願意停下來關心同事工作進度、協助同事、幫他們找資源的人真的很少，所以我一向擁有很強大的後援部隊與協作夥伴，重點就在這裡，我懂得投資一些時間與心力來照顧夥伴，提供價值，而不是跟他們吃吃喝喝。也不是說吃吃喝喝不重要，只是我相信那些玩伴的角色，辦公室有人可以比我扮演得更好，那種場子不是我想要參加的，所以我乾脆退出那種局，以比較適合自己的方式，跟同事相處、經營好關係。

愈懂自己性格的人，其實愈能拿捏好，該如何參與同事們的局，不應該勉強自己、也不應該袖手旁觀。至於哪樣的搭配組合比較好，只有自己知道。能夠出事有人挺、求救有人應，那就是做人成功最佳的狀態了，這跟外向者E人或是內向者I人沒有關係。希望每一個朋友都可以接受自己的性格，更加瞭解自己，用舒服自在的方式在職場中努力，長久下來會有自己一套獨門應對人際關係之道的。

好想被記住！
如何在「初次聊天」就讓大人物留下好印象？

初次見面時比較常見的雷，是這三種：「話題唐突」、「交淺言深」與過多的「吹捧客套」，尤其在見到久仰大名的前輩、好不容易見到的對象時，因為想把握難得的機會，更容易踩到這個雷。

其實初次見面的聊天與互動，要避開這些雷，只需要把目標放在：留下好印象，讓對方想再和你見一面。能做到這樣就已經很好了，至於能否與對方經營更深一層的關係或互動，那需要視後續更多的交流而定。千萬別在初次聊天時，太急躁或刻意地想讓對方記住你，而太過有目的性的開話題，都容易弄巧成拙。

1. 話題唐突

聊天就像堆積木，你丟一塊出來，對方可能把積木堆在某個地方，你拾起一塊積木再往上堆。亂開話題的人，則是因爲太目的導向，所以急躁的想把話題導去自己想要聊的方向。

「你做行銷？那你知道目前生成式ＡＩ的應用可以做很多事了嗎？」一個做業務拓展的ＢＤ，好不容易有機會進去數位行銷的場子，見到許多數位行銷從業人員，聊沒幾句就很想直入主題，但那個場子是一個頒獎典禮，開啓這個話題只會讓現場的人很尷尬。或許出於禮貌，對方看似會聽你講完，但事後你會發現很難再約到對方。

最好的狀況其實是看對方丟出哪一塊積木，你再順著那個積木往上堆。例如當人家在聊這次評審的經驗時，你再丟出其他的相關問題即可，不要亂開支線話題。

2. 交淺言深

裝熟與創造連結，也是很多人初次聊天時會亂闖的誤區。

「你說你之前在××公司？我有一個好朋友也在××公司做很久了，叫做Peter，你知道他嗎？他是技術部門主管。」這樣的對話是不是很耳熟？這種創造連結的方式其實很不管用，一來大公司都是上千人起跳，誰也不知道誰，光是叫Peter的就有一堆；另外，即便是小公司，碰巧有合作往來，要剛好是好友的機會也不大，所以聽完你介紹Peter，還扯一堆你和Peter的故事，到底和對方有什麼關係呢？光是戒掉這個習慣，就可以少去很多尷尬與冷場。

「學姐，你知道我以前也念過××學校，聽說你是××學校畢業的。」對某一個年代的人來說，同校或當兵同一梯，是會被多多照顧沒錯，但現在大多數是沒有幫助的，而且年代久遠，學校或當兵的話題通常無法深聊更多，最後場子冷掉，對方只會覺得跟你聊天聊不出什麼。

既然初次見面，不熟是正常的，沒有連結也是合理的，不如先了解對方爲什麼對今天的活動有興趣？以這種安全的話題開啓對話，一方面表達自己對於對方的好奇心，好奇心代表著興趣、想認識對方更多，初次見面的對話，其實到這裡就可以了，後續要如何追加下一次的互動機會，就要從當天聊天的話題找到切入點。有一次一個大會上，坐我隔壁的某公司總經理和我是初次見面，我問他爲什麼會想來這個活動？他苦笑說：「其實我超不想來，你沒看我格格不入？而且我明天有一個薩斯克風表演，我等等也必須早點走，回去練習。」

後來我們的話題都在聊他爲什麼會接觸薩斯克風，以及他大多自學、老師如何引導他從入門開始的故事，聊到最後他發出邀請：「我明天表演的地方在×××，你有興趣，歡迎來看我表演啊。」隔天我眞的出現在表演會場，還全家到場看表演，之後兩人就這樣變成朋友。

從陌生時可以問的問題切入，認眞聆聽對方說話，在對話中找到下一次交流互動的機會，這就是不需要裝熟也會變熟的方法，一點都不難。

3. 吹捧與客套其實很尬

那些你想積極經營的大人物或前輩，他們平時吹捧與客套的話眞的聽太多，多你一名也不會有任何感覺，對方聽完後也只能客套接話，你除了繼續吹捧外，好像也沒有其他可以展開的話題，初次見面就很快地結束對話，眞的很可惜。

「大哥，你們公司好厲害，生意做得那麼大，而且你之前的××創新眞的很強耶。」常見的吹捧都是從媒體或新品發表等二手資料來的，想當然爾都是大眾知道的事。

「沒有啦，運氣好啦，時機到了。」×× 大哥給出官方客套的回答。

這樣的對話在初次見面時，沒有對關係的加分，建議能免則免，所以對彼此都很尬、很乾的吹捧與客套，記得趕快戒掉。

初次聊天能避開這些雷就已經很好了，太急躁容易弄巧成拙，慢慢來，關係可以展開得更自然，未來的互動交流也能更長久。

如何讓人在你一開口就留下好印象？

1. 順勢聊對方有興趣的話題。
2. 聆聽對方說話適時切入話題。
3. 不過分吹捧和客套。

碰到前輩，該如何透過聊天拉近距離，留下好印象？

另一種情況是，在公開場合，如果剛好坐在業界德高望重的董事長、總經理隔壁，很緊張怎麼辦？或是開會時，由對方親自接待，我們該怎麼開啓話題呢？

過去在工作中，因爲這些場合認識了許多長輩朋友，或許這幾個簡單的方法可以先分享給爲此手足無措，或總是擔心拿捏不好分寸的你。

先把基本概念和常見狀況說一下：

1.認識不代表人脈：不要帶著目的性社交，因爲那沒有用

對這些長輩來說，要和他們經營關係的人實在太多了，不管是要資源、求提拔、尋求商務合作機會等等，每天親近他們的人，幾乎都是帶有目的的，而且很會自我介紹（電梯簡報）或是講話口條好，這些都不是初次見面或還不熟悉時該用上的技巧。帶著想結交人脈、利用人家資源的想法，這些位高權重的長輩根本一眼識破，就算收了你名片，也很難有進一步的聯絡，事後撥電話過去一樣吃閉門羹。

真心誠意與人交流很重要，至於彼此的關係能走到哪？有什麼可能性？那都是隨著彼此的熟悉度與信任加深後，再慢慢開啓談話的。

「Yuki 妳幫我看看這個好嗎？我身邊對數位行銷、網路電商這塊最熟悉就是妳了。」一個很資深、很有份量的長官 A，在一個周末突然 LINE 我，要我幫他看看他想購買的數位工具與提案。

一開始這位長輩只是合作夥伴的長官，我們幾乎沒有私交，都是工作上的接觸，後來他會漸漸跟我吐露工作上的困難，我盡可能的提供我知道的資訊，逐漸才變成了好朋友，有時候他面臨難題，沒有點子的時候，也會打給我說：「Yuki，妳點子很多，幫我想一想。」

我還眞的會馬上想幾個方案給他，因爲大家在一樣的產業，這些點子我平常就在想啊！如果可以一起合作也很好，就算給他拿去用了，我也覺得幫上忙很開心。

我想說的是，所謂建立關係，是自然而然產生的，而不是刻意或是帶著目的性而來的，眞誠交往之下，有可以幫忙的地方，我們幫上忙，自然會讓彼此關係加深，久而久之自然會有很棒的人際圈，這是最基本的概念。人際關係是長久經營的，但很多人卻選擇急迫地自我推薦、矮化自己、奉承巴結，這樣不僅沒有用，長久下去只是名片收藏了一堆，但對方連你長什麼樣子都沒印象。

2.讓長輩想認識你、了解你的方法就是，先讓他暢所欲言

長輩的經驗、歷練都很豐富，故事也很多，但往往缺乏機會暢所欲言，如果你能夠開啓這樣的對話，他會很開心，並且對你印象深刻，同時，你也能夠在對方說自己故事的時候，學習到許多。

「總經理，我剛剛跟副總聊，才知道他已經來貴公司好多年了呢！他換過好多部門，職涯好精彩。」我聽完副總的故事，剛好碰上總經理。

「他跟我一起來這裡的啊，而且我還比他久勒！」總經理說。

「我跟妳說，之前啊，我本來在×××，後來啊……」就在總經理侃侃而談他的故事時，我仔細聆聽，然後一直追問下去，鼓勵他繼續說。不僅故事精彩，而且身經百戰的大長輩，果然故事太多，一個餐會講不完，結束時跟我說：「我的故事還很多啦，今天跟妳說的，也才不到幾分之幾，下次有機會再繼續說。」第一次吃飯認識的場合，我大概聽了這位前輩四十多年工作經歷的精華片段。

後來他跟他同事們介紹我，不只記得我的名字，連我爲什麼取這個名字都記得。讓長輩暢所欲言是使他記得你最好的方法，所以要培養專心聆聽、好奇追問、引導對方分享自己故事的能力，並且戒掉想自我介紹、趁機開展業務、尋求資源的壞習慣。

3.不管你有多好，都請在前輩前保持謙卑

即便我已經工作二十幾年，但在這些大前輩面前，一樣是小孩，有時候會遇到身邊同事、朋友或是合作夥伴幫我開場，介紹一堆客套話、頭銜、資歷等等，這會讓我很尷尬，所以我練就了機智幽默的回應方式，來化解這種尷尬，也讓前輩可以跟我繼續交流。

舉例來說，某次一個業界大長輩初見面的時候說：「Yuki 我看妳很年輕耶，那麼年輕就當主管，妳一定是很有能力的人！」他同事們也跟著搭腔捧我：「Yuki 還有寫專欄喔，我們大家都有在看，我是忠實粉絲呢。」

我懷著戰戰兢兢的心情，看著年近七十歲的大前輩說：「總經理，你就叫我 Yuki 就好，如果難記，你就想『幼齒的』（台語），就容易記起來。」「哈哈哈，原來 Yuki 是幼齒的（台語）。」總經理被我的幽默笑歪了，

一直唸我的名字。

在愈傳統的企業高層面前，愈要提醒自己保持謙卑，在彼此年齡、資歷差距很大的情況下，我們能夠從對方身上學習的東西還有很多，面對讚美的時候，微笑就好，不要對人家的恭維、客套太過認眞，還是要把鎂光燈的焦點轉到長輩身上。

「總經理，聽說今天的酒是你親自挑的，有故事的，對嗎？」我馬上拿著酒杯問。

4. 複誦、追問、整理重點摘要，讓長輩知道你眞的有認眞聽

長輩願意跟你分享，就是建立關係的開始，我的習慣是當一個段落結束時，會複誦一次，例如：「喔！我明白了，所以策略就是先做A、再來求B，對嗎？」快速把剛剛長輩說過的話，複誦一次。

「對！而且要節省開支。」長輩又繼續深入跟我說他的經營故事。因爲每一個說話的人都需要好聽眾，而複誦、追問會讓說話的人知道，眼前有一個很好的聽眾。

「今天眞的收穫很大耶，謝謝你願意分享這麼多，例如……（總結一下長輩說話的重點）我希望接下來還有機會聽你說故事，太好聽了。」結束前，我一定會總結今天的學習，並且表達自己希望能持續交流、培養彼此的關係。然後，我通常會獲得長輩的LINE（我喜歡等長輩主動要求，這樣比較不唐突）。

其實長輩也很喜歡交跨世代的新朋友，也會對於新知識、數位領域很有興趣，所以只要能在剛接觸時有不錯的交流，一般都可以變成好朋友的喔！以我的情況來說，常常因爲長輩子女的緣故而變熟悉，例如學校演講、社團分享，甚至一對一跟小孩聊聊等等，我只要有空都會答應。希望拿自己的例子鼓勵大家，勇敢跟長輩、大前輩當朋友。

如何透過聊天和前輩拉近距離？

1. 自然而然不帶目的性。
2. 先讓對方暢所欲言。
3. 面對讚美不過分恭維，微笑即可。
4. 複誦、追問、整理重點摘要，讓長輩知道你真的有認真聽。

一想到聚會就覺得好累、好想逃？做好三個心理建設，尬聊其實沒那麼難

每到接近社交聚會的那幾天，對內向的小瑜來說就是燒盡能量的日子，除了感到壓力外，出發去聚會前，都要先跟主辦人打聽：有誰會到場？能否坐在熟人旁邊？為的是避免要跟陌生人同桌的尷尬，再來就是要先想好幾個話題，以免到時候場面很乾。

而長輩場的聚會更煩，一定又要被問很多工作的事，想都不用想就會聽到：怎麼又換工作了？每年都在換工作！不想聊這個話題都不行。不管是商務、同學會、家族聚會等場合，對小瑜來說都是滿滿的壓力，每次笑臉迎人的聚會結束後，回到家都會累倒在沙發，有時連臉上的妝都沒力氣卸，就無腦滑手機到睡著。

說眞的，像小瑜這樣的例子還眞不少，如果你也是內向、不擅長社交的

小瑜，那麼有幾個關於聊天的心理建設可以提供給你，把心態建設好、自然的面對，尬聊就不難，相信你也可以發揮出個人風格的。

1.不要跟別人比，關注自己的進步才重要

如同《收穫心態》這本書所說的，要設定屬於自己的小目標，而不是一直跟別人比較：爲什麼別人都那麼幽默風趣？我要怎麼做才能跟他一樣？

陷入與他人比較和達不到高標準的落差感，常會讓自己的壓力更大，因此會更逃避、也更無法感受到自己其實已經有多少進步了。

反觀跟自己比較，設定小目標長期來說會更健康，也更能享受其中。你的目標可以是：「今天至少要對一個陌生人主動開口」，或者是：「今天遇到的陌生朋友中，我至少要找一位跟我相同職務的，約定下一次見面互相交流」。

目標要務實可達成，同時又是自己想要進步的方向，如此一來，只要專注在自己的小目標上就好，不必關心別人多能聊，或是那些令自己不自在的談話與環境，久而久之，可以減少許多焦慮，同時又可以有一點點進步。

2.不必口才好，夠日常用就好

我們不是聚會的主辦人或主持人，所以不必很能聊、很會帶氣氛，能夠與人眞誠交流就好。練習幾個自己擅長、能夠自然發揮的破冰對話，就可以萬用了。

我自己最常用的方式是：拿起桌上的桌菜菜單，念幾道菜，通常左右鄰座、甚至同桌的陌生朋友就會一起搭話了，因爲現在的菜單名稱與菜色都很難對照上，大家要發揮想像力，待會兒等菜色上時，大家就可以比對，誰猜得中，甚至我還會跟剛才猜對的朋友說：你眞厲害，這道菜眞的是魚！

和一桌不認識人吃桌菜的場景裡，「拿菜單、念菜名」眞的是很棒的破冰。還有一招也很不錯，就是找服務生要熱茶或是水，然後問問同桌的朋友說，「我跟餐廳要熱茶和水，你們要嗎？」舉手之勞，很快就能破冰。

3.不會開話題，就學著接話或是當個好傾聽者

別人問你的問題，經常是他想聊的內容。因此，不管新朋友問你什麼，你都簡短回答就好，重點在於回問他：「那你呢？」相信對方一定可以侃侃而談，聊得開心，而你就可以單純當個傾聽者就好。

要特別注意的是，傾聽者在聊天時也是要有回應的，可以藉由追問原因、當時的心情、沒說清楚的細節，來讓對方知道，你有興趣知道更多關於他的事，而且有專心在聽。千萬不要四處張望，一邊說「嗯嗯嗯，你說」，但又一邊看手機，這都不是一個好傾聽者的行爲，務必要注意。

總之，在社交時，重點是做好心理建設後「放給他自然」，每個人都應該做自己而不是學習別人，舒服自在地發揮個人特色，尬聊也可以很輕鬆的。

不擅社交要如何應對公司聚會?

1. 不必關心別人多能聊，或是那些令自己不自在的談話與環境，專注自己能回覆的就好。
2. 口才不用多好，用隨機的話題順勢接下去。
3. 當個傾聽者並適時回應。

用通訊軟體聊天時，什麼話最好別說？最雷的就是「在忙嗎？」

訊息傳出後被已讀不回，或是一來一往聊得正盡興時，對方突然消失不見……大家平常用通訊軟體聊天時，或許多少有遇過以上情境。即使不像面對面聊天，需要留意肢體語言和眼神接觸，網路聊天也有不少要注意的重點，分享給大家：

1.遇到已讀不回，不要玻璃心

不管上班日或假日，都要把網路訊息當成非同步溝通，千萬不要期待訊息傳出去後，對方會秒讀秒回。如果是上班時間或是剛好在忙，已讀不回也是正常的，絕對不要玻璃心、自己演小劇場，猜想是不是內容不妥，讓人不開心？或是追究對方爲什麼沒有秒回？都沒有必要。

待對方有空自然會回覆，如果對方遲遲沒有回覆，或許是已讀後因爲忙碌而忘記了，再傳一次訊息提醒即可。許多人上班時都是會議不斷，訊息、電話也不斷，忘記眞的是難免。不急的事情就可以透過非同步溝通，留下訊息後等待，對方會視輕重緩急來回應的。

2.傳訊息問「在忙嗎？」

「在忙嗎？」眞的很雷，到底要講什麼？不能一次打清楚嗎？每次看到這樣的訊息就很耗腦力，要看對方是誰？猜測對方可能有什麼事？現在有足夠時間可以應對對方嗎？到底要說忙還是不忙？最好的方法就是直接把要事打出來，待對方回覆。

萬一對方一當下剛好有空檔，但十五分鐘後就要進下一場會議，而你接下來要詢問關於北海道自駕旅遊七天的行程規畫，十五分鐘根本講不完啊，而且資料量很大，可能需要一邊講、一邊傳資料給你，如果一開始留言就表明意圖，對方絕對不會在會議間的空檔處理，一定是下班後慢慢弄，而且這種協助一定也不急。

3.可以傳訊息就別打電話

多工的時代，多的是「可以傳訊息，但不適合講電話」的情境，很多人其實同步在處理很多訊息與對話框，可能同時在線上會議上，或是跟同事在搭車前往下一個會議的途中。因此要切記：對方能回覆你訊息，不代表此時可以通電話。

如果想討論的事其實不急，建議都傳訊息就好，不要打電話干擾對方，再來，有時候對方回訊息來，也不要心急直接撥語音電話，因爲對方可能不方便接，要先傳訊息問對方：「你可以電話討論嗎？這樣比較清楚，大概會占用你五分鐘時間。」待對方回覆ＯＫ，你才撥電話過去，這樣比較不會唐突。

4. 對話到一半突然離開，要先告知

即使是網路訊息的對話，也要有好的收尾，突然有事離開也要先告知。你可以說：「不好意思，我等等要進去一個會議，沒討論完的事項，我們大約五點再談好嗎？或是你先留言給我，我開完會再看，晚上一定回覆你。」

請不要討論到一半直接消失，然後過了隔天才回覆：「對不起，昨天中午臨時被抓去開會，晚上太晚就沒打擾你，我們昨天講到哪？」這樣會讓對方不確定你消失的期間該不該等你回覆，或許還會半小時檢查一次跟你的對話框，看看你回了嗎？

5. 語音或視訊聊天時，確保背景環境安靜

在吵鬧的環境講語音電話或是視訊，其實對方耳朵會很不舒服，非常耗心神，要一邊過濾環境音，一邊忍受你說話的聲音很大。所以語音或視訊對話時，一定要確保自己在安靜的地方，再來是一定要戴上耳機，不要開擴音，

因爲環境音會收音進去，聽的人會很辛苦，萬一情況不允許，那麼建議推遲語音或視訊的時間，待方便的時候再回覆，好的溝通品質非常重要。

以上五個網路聊天的提醒，希望能幫助大家善加利用網路溝通的好處，並避免雷區。

訊息談公事時該注意的事

1. 話題告一段落，對方已讀不回很正常。
2. 直接把想溝通的事打出來，不要先問「在忙嗎」？
3. 不急的事情先傳訊息。
4. 事情沒討論完之前要離開須告知。
5. 語音或視訊時確認環境安靜。

「不好意思，我有事要先走了！」從商務聚會提早離席，得跟所有人打聲招呼嗎？

珊珊代表公司參加一場業界的晚餐聚會，氣氛很好，同場的大前輩正興高采烈的在大家包圍下，回答同場晚輩詢問的豐功偉業，珊珊其實很想留下來聽，但是時間差不多要去趕車了，不然會搭不上回家的車次。她心想：「我該打斷前輩說話，說我要提早離開嗎？現在打斷會不會不禮貌？」但眼看時間緊迫，一時慌張下，珊珊趕緊起身，跟大家道歉說：「不好意思，我還有事必須先走了。」

離開會場後，珊珊愈想愈不對，剛剛這樣打斷前輩說話好像不禮貌，而且大家聽得那麼盡興，她好像讓場面突然一度乾掉，而且更重要的是，她沒有拿到重要人物的名片，只是打招呼閒聊而已，一切都有點扼腕。

像這樣的場景其實很常見，有時候晚上的餐會還能硬是拖延一下，但中午的餐會就比較難，難免下午還有行程，時間到就得走了，常常需要面臨提早離席、打斷活動或談話的尷尬，那麼究竟有什麼方式，可以盡量有禮又不突兀的離場，同時做到該有的認識交流呢？其實最重要的事情就是「掌握聊天的節奏」。

1. 引起興趣或是表達興趣後，就可以收尾，其他留待下一次見面聊

社交聚會的第一目標先求認識並留下好印象，同時聊天節奏的掌握也很重要，流程大致如此：

①自我介紹、初步認識；

②在交談中確認對方有沒有自己感興趣的議題，或是自己有沒有對方感興趣的話題；

③表達對對方某個經驗的興趣，並且問對方能否能再約一次，以深入聊該話題、交流學習；或者是當對方表達對自己某些過往經驗有興趣時，也可

以主動說：「說來話長，這個你有興趣的話，我們可以再約一天，我請你喝咖啡一邊聊。」

重點是先計算自己在這場聚會有多少停留時間，想認識哪些人？再來分配時間、估算可以聊多深，聊不完的，就在引起雙方興趣時先停住，表達想要再單獨約的想法。

2. 注意時間，提早十五分鐘收手，才不會面臨中斷對方談話的難堪

如果預定離開的時間是晚上九點，盡量在八點四十五分收手，不再去開啓另一段新的談話，否則很容易在雙方談得熱絡時，面臨草草結束的遺憾，要讓對話收得漂亮，其實重點在於時間的控制，離場時間前十五分鐘準備結束談話最完美。

如果對方在最後十五分鐘主動來認識，並開啓對話呢？可以在一開始就表達：「還好離開前有認識你，太幸運了。我等等九點就要走了，要去趕車，

本來喝杯水就要走呢，還好有坐下來喝水，才能有機會認識你。」這段對話其實是要預告，等等的談話可能不會太長，讓對方有個心理準備，才不會講很長的故事，然後被中斷。

3. 團體聚會的提早離場，不需要打招呼

活動正在進行，但需要提早離場時，其實不需要跟主辦人、邀約者打招呼，因爲人家可能在忙著招呼其他人，沒有時間管你，可以離場後傳個訊息給對方，表達謝意即可，千萬不要跑去對方面前道別，尤其人家正忙得不可開交，或是聊得正起勁時，被打斷很掃興，說不定還很客氣的要跟著你走出門、送你上車等等。

你只需要跟鄰座的朋友說一聲即可，這樣有人需要收拾碗盤、上菜或是換位置時，可以知道這個位置已經空出來了；其他客人都不需要額外告知，也無須逐一敬酒告別。

以上三點注意事項，提供給大家，在需要早退的商務社交場合，可以試著掌握自己的節奏。

商務聚會提早離場需注意的事

1. 讓對方留下好印象，聊不完的話題約下次聊。
2. 提早結束話題以免太匆忙。
3. 很多人的聚會可離場後再傳訊以免打擾主辦方。

閒聊時，這三種常見話題其實超危險！你冒犯了人卻不自知嗎？

聊天要怎麼聊？可以談到多深入？哪些話題人家沒提，你不能問？敏感話題要避開、交淺言深要留意，本篇文章簡單歸類，幫你避開談話雷區。

1. 感情、家庭與私生活：對方沒提，你不能問，連自我揭露都盡可能不要

如果不了解對方的界線在哪，這些私人感情生活的話題，如果對方沒提，我們就不要問，也不要自我揭露比較好。男女生聊天常會聊到家庭與另一半，但這個話題其實很危險，有些是另一半並不想公開，或是本人不想公開，又或者對方已離婚或單身，且不想談及太多。

聰明的人能感受到交淺言深的尷尬，例如：「等等我先生會來載我，他剛好在附近工作，你呢？另一半會來接嗎？」這種非直球式的詢問，其實對不想聊到隱私的人，也會有冒犯感。可以改成：「待會我家人剛好在附近，會來接我，你要搭便車嗎？」如此一來既體貼又不讓對方尷尬，會讓人感到貼心與舒服。

爲什麼連自我揭露也應該避免呢？若對方不想提，但又聽了你的私生活故事，難道他可以在你反問時，回答「哦，不方便說」嗎？

2. 工作位階與薪資：屬於個人隱私，假設曾經聊過也不要提

關於工作的福利、薪資待遇與位階等都是個人隱私，即便對方曾經提過，再見面時也盡量不要提，尤其是有第三人在場時。

「哪像王經理你那麼好，做久了、老闆賞識了，給你百萬名車代步，又有百萬年薪和股票。」在一場餐敘上，曾經和王經理喝過酒，聊過幾次天的陳經理，在同桌還有其他人的場子上，無意間把王經理的薪資、股票、代步車福利都說了出來。當場王經理臉色不太對勁，因爲對在場的人來說，大家沒有熟到可以知道那麼多，而且這些薪資福利並不是王經理每個同事都有的，是老闆特別給的，他深怕消息傳回公司，會引起其他人的不快。當下他很懊惱自己爲何上次在酒後如此露了口風，想當然下回他再也不跟陳經理聊天了，深怕又被他不小心說出了什麼。

所以無論我們是如何得知對方的工作、位階、薪資與福利，聽過都當沒聽過，下回再見面，都不要主動提，尤其有第三人在場時，更是要口風緊。

3. 成長背景、工作經歷：不熟時，都先當成敏感資訊處理才最安全

「Yuki 我也是高職生，但如果不是看了你的故事，其實我挺自卑的。」某一次演講後，一個我的讀者走過來跟我聊天。我看了他遞上的名片，大概知道是怎麼回事。他接著眼眶紅紅的說：「在我們產業、公司裡的其他人，幾乎都是國外名校念書回來，雖然我後來有進修到大學，但怎麼樣也覺得自己矮人一截。」

我拍拍他，聽他說完之後很有感觸，雖然我是一個不受成長背景影響的人，但完全能明白許多人光是跟大家聊國外念書的生活與玩樂、談過去外商的工作經驗都會自卑，一路上也遇到許多朋友，儘管已經位居外商高階主管，但講到過往都會自信不足。

既然聊天是爲了建立、增進關係，那當然是盡可能帶給對方舒服自在的聊天氛圍。因此聊天時若貼心一些，就要避免觸及那些成長背景、學生生活、工作經驗等的話題，像是：你念哪間學校畢業？你不是台北人對嗎？你以前在哪家公司工作？你去過哪些城市工作？在外商工作的輕鬆閒聊話題，換個場景與產業可能不一定恰當，在彼此不熟時，最好多點留心，先當成敏感資訊處理比較安全。

看完以上三點，是否很意外，有些閒聊時常會出現的話題，在許多人心裡其實是雷區。或許不是每一個人都能讀懂他人臉上的尷尬，但將這幾點記在心上，至少可以確保在彼此還不熟悉的狀況下，聊天時減少一點冒犯感。

閒聊時如何不容易冒犯到他人？

1. 不問私人問題以免交淺言深。
2. 職稱與薪資對方不主動提不要探究。
3. 避免提及對方的過往。

聊天時，別把手機放桌上！就算不接電話、回訊息，還是要這樣做的原因是……

「你要接嗎？沒關係的。」對話到一半，好友的手機螢幕亮起，有一通靜音的來電。

「不重要，不用接，我晚點再回就好。」好友瞄了一眼手機螢幕的來電對象後回答我，專注力立刻回到我們的對話上，還補了一句：「你請繼續說，不好意思。」

我呆了幾秒鐘回他：「剛才是你說到一半，說到你目前的組織管理問題，還沒講完。」

「啊，抱歉，對，我剛講到一半，是說到我們的組織斷層問題對吧？」好友停下來回想了一下，繼續完成他未說完的內容。

以上的場景是否常出現在你身邊的對話之中？別懷疑，人的專注力就是那麼容易被 Apple Watch、手機推播通知的震動聲或光線等影響而分心，而那些分心會讓你很難一時間再回到本來的對話裡，連剛才講到哪了都會忘記，偶爾還需要對方提醒呢。

再者，聊天時即便你很專心，但坐在你對面的朋友，還是可以輕易的看到你的手機有來電、手錶上有新訊息的亮光，這也會影響你談話對象的專注力，造成雙方的對話品質下降。

爲了避免這樣的干擾，最好的辦法其實是在每一次會議、重要對話時，關閉 App 通知、收起手機，不要把手機放在桌上或是視線可及的地方，也別以爲關靜音就沒事，震動和閃一下螢幕都是干擾。

無法維持有品質的對話，是身不由己、還是你默許的？

你可能會問，那如果有重要的事要聯絡怎麼辦？真有突發重要事件要聯繫，可以預先跟對方致歉與說明。例如：「抱歉，我本來已經排開會議的了，但剛才老闆突然說找不到一個檔案，我已傳給他了。如果等等談話中，老闆看了檔案有什麼問題，可能會需要詢問我，真的很抱歉。」

如果這樣的突發事件常有，那麼也是一個需要省思的問題：第一，你是不是公、私事行程安排得太滿？所以只能在會議中、談話時，處理其他待辦事務或回覆訊息？

其次，常時間沒有餘裕好好對話，聊天品質當然會受影響，而且無法去處理太多突發的事件。只要發現自己一周出現幾次這樣的情況，那麼第一優先要做的事，應該是調整並重新安排行程。

人在、心不在的聊天談話，往往是人際關係中的扣分。人家說見面三分情，但經歷一次又一次這種倍受干擾的談話，久了對方也會思考，是否還要把自己的行程排開，留下時間給你呢？爲了讓自己和對方享受每一次的對話與交流，這些小細節還是需要多多留意的。

營造有品質的對話，不能忽略的小細節

時間點	聊天前	聊天當下
可能出現的干擾	手機、穿戴式裝置的震動聲或光線	與正在處理的重要事件相關的來電或訊息
建議做法	1. 關閉手機來電／APP推播通知，避免放在視線的可及處。 2. 關閉 Apple Watch 等等智慧手錶的推播通知。	1. 談話前先聯繫重要事件的關係人（例如：家人、老闆或是孩子的學校老師等），告知待會無法接電話、多久之後才方便談，可以提前溝通或取得最新資訊，以便談話時可以專注不受干擾，同時又不錯過重要通知。 2. 事前跟談話對象道歉，並告知在等一個重要電話或訊息。

背後的省察

談話對象也是特意抽出時間與自己交流，如果自己無法專注在談話裡，那麼是否還需要安排這樣的談話？還是先處理手上其他要務？

若發現自己一周內好幾度因看訊息、回電話而中斷對話，應該思考是不是行程排太多？是否要重新規畫，才有餘裕應付突發狀況？

你讓人「信得過」嗎？怪同事難溝通前，先問自己是否做到三件事

「為什麼妳提就可以，我提就不行？」

「為什麼你們溝通就那麼順？我講老半天都沒用？他們像聽不懂人話一樣？」

「我要約妳一起，因為妳五分鐘可以搞定的事情，我講很久都沒用。」

其實溝通的關鍵能力不在溝通技巧、口才這些事情上，而在其他更重要的關鍵：必須得到對方的信任，讓雙方在彼此合作後能快速看到成果！

以下是我在一個內部協作專案的溝通實務經驗和建議，如果你也有溝通不順暢的問題，可以從這些地方先建立信任。

1. 說再多都沒用，有問題，先做了再說

我很不喜歡花時間開會，覺得那很浪費時間，通常我會在前一天或前一晚拿數據、資料，自己看完，心裡有幾個疑問、線索、可行的方案都事先自己想過之後，隔天開會討論比較能直接切入主題，討論對策並決定執行方案與分工。

「目前看起來營收數字差了一點，毛利差比較多，你有什麼想法或可行方案嗎？」某一次會議開頭，我問了對方。

「我們團隊有整理了數字，因爲有這幾個活動即將展開，妳看一下，應該是可以做到，但毛利方面可能差很多。」對方很有效率的回答，看起來事前也花了很多時間準備。

此時我會相信對方的判斷，並且聚焦在毛利討論上，絕對不會去問對方：你確定數字眞的可以如你說的做到？眞的就只差毛利？你是怎麼算的？算一次我看看？

因爲雙方的溝通與合作關係要建立在信任上，這是需要很長期的默契培養，但可能一句質疑就可以全毀，那麼這次的協作即便成功，也還是不會對彼此未來的信任與溝通加分。管理幅度愈大、協作單位愈多的任務角色，若有愈多合作單位跟我們有默契，事情的進展就可以愈順暢，事半功倍才會在未來發生。

在這個會議上，我直接提出十分具體且立即可行的方案：

「那很好！業績沒問題的話，看來問題少了一大半（展現信任對方的判斷）。那毛利部分，我有幾個想法，你聽看看覺得如何？（尊重對方也有表達反對意見的權利。）

第一，我們找業績最高的三家供應商商談短期的行銷資源挹注，同時請他們把給我們的成本優化，這樣有行銷資源可以用，同時又有毛利空間？這塊可以試算一下如果優化×××元，預估訂單可以增加多少毛利？如果行銷資源增加曝光，會有多少訂單？再來就是我這邊可以去找×××合作行銷案，剛好對方有一個案子，我們去提看看，這些錢也可以回補你的毛利，這兩個部分加起來應該就超過了，我們可以先做這幾件事就好。」

簡單明瞭又具有可行性，聽起來很有邏輯的建議，會讓對方覺得你簡直是神隊友、天使來著，而且執行方案少又聚焦，也不會跟他討論很久、或是執行任務的列表跟山一樣高，對方根本做不完。再者，這個合作案的建議是我也要付出一部分，對方也有付出，是一起完成的，代表我不是來跟你下指導棋的，我是來一起幫忙的，對方也會覺得心裡比較舒服。

2. 密集追蹤成效

爲了確保這次的溝通有效果，要立即安排一周後看雙方的進度與成效，最好是一周後馬上能看到今天的討論結果與方案是否眞實可行，也看到毛利有提升，如此一來彼此就眞的會成爲好戰友，當一起努力過，有好成果的經驗愈來愈多了，溝通也會愈來愈順，未來甚至你都不用提類似的建議，對方就知道你應該會想怎麼做了。

3. 減少開會

當進度已經步上正軌，我會取消例行檢討進度的會議，因為例行要開的會很多、要管理的項目很多，我就會減少已經在軌道上的任務的追蹤頻次，把時間花在有狀況的其他任務上。

「看來已經上軌道，這季應該沒問題了，我們的周會取消，下一季再看情況，如果又跟不上，我們再恢復周會吧？」我提出建議。

此時就看對方的想法，有時候對方還是希望可以一個月或是雙周再開一次會議檢查進度，可能比較安心，或是可以問我其他問題，那我會答應，然後把會議時間縮短，因為有效率的開會是一種習慣，必須建立起來，未來大家的溝通才會持續有效率。習慣於聊天或是沒有效率的會議不只浪費彼此時間，也會讓這樣的習慣影響更多身邊的人，我會盡可能避免。

你。

回到文章一開頭的問題，好好執行以上三件事，溝通的問題就不再困擾

與同事溝通不良時該怎麼辦？

1. 提出簡單明瞭又具有可行性，聽起來很有邏輯的建議。
2. 追蹤後續成效。
3. 減少不必要的會議。

大人的閒聊，不是你問我答、硬擠話題！想透過對話增進關係，試試這三招

「妳在做行銷工作哦，那對數位行銷方面一定很在行吧？以前也是做這方面的工作嗎？」小美在一個飯局上遇到初次見面的長輩，長輩看起來是業界資深的老闆，讓她趕緊放下碗筷，認眞想著要如何回答長輩的問題。

「沒有沒有，我踏入這個產業還很新啦，行銷是我的興趣，請問您怎麼稱呼？您在這個產業是大前輩了吧？我還要多跟您請教呢。」小美發揮初次見長輩的客套，把發言權丟還給長輩。

後來長輩和小美相談甚歡，原來他是協會理事長，今天來參加產業內理事的公司活動，因爲跟小美很聊得來，後來還邀請小美去他的協會辦行銷分享會，也藉此把行業內的其他理監事們都介紹給小美認識，和她的公司談合作。

一段有魅力又令人難忘的對話，常常來自於出乎意料的觀點輸出和經驗分享，而不是你問我答，這是有技巧可以練習的。

「你問我答」的情況常常會在商務對話、社交場合裡出現，多數人習慣收到一個提問後，依照問題的邏輯與節奏來回答，但這種問答模式其實很乾、很難聊，重點是沒有記憶點。

若想要促進彼此關係，在對話的設計上可以考慮以下幾個方向，都是我自己常用、有助於和談話對象互相增進了解的方式，大家不妨實驗看看，是不是比單純的你問我答更好？

1. 把球拋回去，藉機多了解對方

大部分的人都希望在對話中，有機會表達自己、說說自己的故事，但以社交目的來說，讓對方介紹自己、多說一點話，更可以促進彼此關係，所以如何找機會丟球、讓對方成爲說話者，是很重要的。

【方法1】

回答完畢對方的問題後，反問對方：

「欸！蠻特別的，你竟然對這個有興趣，我常常被問到×××，但比較少人會問我×××，你是什麼原因會好奇這個？我好想知道。」

【方法2】

聽完問題之後不馬上回答，而是說：

「這個我是菜鳥啦，還在亂闖亂撞，我反而想請教你，你做那麼久了，你對於×××有什麼看法？」

遇到前輩、長輩，我一般都會採取這個方式，因爲前輩可能出於客套才起這個話題，我們身爲晚輩的，可以先讓長輩分享經驗，再找機會分享自己的。

2. 回答完可以料想到的答案後，給對方一個新的資訊

「這個我之前好像分享過，就是 ××× 或是 ××× 都是可行的好辦法，但是我最近也發現一個新的方式更有效率，而且可以避免競爭，就是 ××××。（全新資訊）」

或是客製化的答案：

「這個我之前好像分享過，就是要 ××× 或是 ××× 都是可行的好辦法。但是以你目前的情況，我建議可以試看看 ×××，可以更有效率，而且可以更快有效果，也比較不用投入那麼多資源。（客製化的答案）」

3. 導入專家建議、引薦人脈或是介紹資訊來源

「這題我的看法是 ×××，但你如果對這個有興趣，建議可以去看這兩本書 ×××× 以及 ××××，我可以借你，或是圖書館也都有，這兩本都是著重在你問到的 ××× 我讀過，很有幫助。」

「這題我的看法是×××，但有一個朋友×××（或是有一個單位×××）一直在研究這一題，你可以去請教他，應該可以有更全面的收穫，我也可以幫你介紹。」

不想講、不好聊就別硬撐，切記避開對話中的三雷點

講完一段有魅力又令人難忘的對話練習後，想分享幾個對話中容易踩雷的地方，我自己也曾犯錯過，但只要對話時多一點意識，少一點跟隨直覺、順著邏輯回答，這種情況會少得多。

雷點1：交淺言深

對方的問題涉及你不想公開說明的資訊，有時候是經濟情況、家人資訊、個人的看法等等。隨著問問題的人給你的感覺不同，你不是每一次都想照單

全收這些問題，這個時候就不要勉強自己回答：「說來話長，未來有機會、有時間再慢慢告訴你。」或是「談起這個就不開心，改天再聊，才不會破壞氣氛。」

雷點2：對方很難聊，你還硬要聊

有時候初次見面的人，很難判斷是不是價值觀吻合，這種情況下就是話不投機半句多，此時別勉強，低頭喝茶或是離開座位去洗手間、假裝接電話，用這三招中斷談話就好。不然再怎麼運用技巧都是浪費時間與精力，而且場子裡如果還有其他想多聊的朋友，花時間耗在這裡就可惜了。

雷點3：一直在等對方帶話題

內向者通常只會接話，不會帶話題，這個時候如果遇到對方也是內向者，彼此等來等去，節奏很慢，對話空洞又刻意，會愈來愈尷尬。可以練習讓自己成爲帶話題的人，不要一直等待，這樣會順利得多，對方也會鬆一口氣。

以上是比較簡單的商務或是社交場合對話練習，應該不需要太多準備，一開口就可以開始練啦！提供各位參考。

商務交談可運用的技巧：

1. 回覆對方後把問題拋回去聽聽他的意見。
2. 給對方新的資訊或意見。
3. 聊不下去別硬聊。

認眞工作很好，但你有認眞休息嗎？總是秒回同事訊息的你，唯有這件事不該妥協

本篇送給「手機不離身，訊息總是秒回，但睡眠長期不足或總是睡不好的工作者」。你的問題或許就是太有責任感，沒有讓自己好好休息。

總是深怕同事臨時需要你救火、害怕主管急著要找你確認事情卻找不到，這種富有責任感的職場工作者，反而要學習休息時間到就要「強迫關機」，尤其在夜間該就寢的時間點，若還是堅持有訊息就要立刻處理，除了訊息來來回回、一不小心就一個小時過去，耽誤自己睡眠時間，再來就是會臨時在晚上打擾的事情。通常當事人心很急，但訊息與資訊都不夠全面，也無法做有品質的決策與判斷，隔天一早上還是需要重新思考一次昨晚的問題、找齊相關部門或負責人，再重做一次決策，等於浪費更多時間，但不見得能夠有更好的效益。

時間一到就「關機」，屏蔽外界干擾

有幾個技巧，可以幫助你強迫關機，下面兩點是平常就能養成的好習慣：

1. 手機設定睡眠時間或勿擾模式

工作繁忙、經常有很多突如其來的任務或事件要處理的人，的確很難在下班就不管工作，那麼在手機設定十點或十一點以後爲睡眠時間與勿擾模式，眞的不爲過，總是要替自己的休息時間設定底線。

我如果隔天要早起，例如八點就有會議，那麼前一晚的睡眠時間一定是設定在十點左右，再怎麼拖延，也不會拖到凌晨才睡，手機的睡眠模式或勿擾模式，有助於強迫我們進入到睡前的準備，不會再被來電打擾。如果還不知道怎麼設定睡眠或勿擾模式，可以趕快研究一下自己的手機，不要放過這個好功能。

2. 練習勇敢掛電話的習慣

對於個性容易不好意思或太過負責任的人，若發現入夜的通話已經進行到太晚，則可以交替練習以下方法來勇敢掛電話，以免隔天精神不濟，懊惱前一天沒早點睡。

「好，我明天再來處理這題。」暗示時間已經太晚，委婉地表達該掛電話了。這是較不失禮的表達，滿有效的。

「我先去洗澡，怕等一下吵到家人。」更委婉地表達時間已晚，適合個性容易不好意思，又不愛直話直說的人，這句話說出來一點都不勉強，很容易練習說出口，內向或過度體貼的人，可以試看看。

「今天先講到這，這題再慢慢解決。」這是比較直接的說法，可以用來拒絕那些「對方還想再說下去，但主要是想抒發情緒」的對話。如果明天也不想再討論，可以用這一句。

培養入睡儀式感，讓自己好好睡上一覺

除了適度斷開外界干擾，也可以爲自己培養專屬的入睡儀式感，有助於快速入睡並擁有良好的睡眠品質。這點以我個人的經驗，會依情境有不同的對策：

1. 從早到晚會議很多、訊息不斷，必須強迫自己腦袋暫停：泡溫泉

只要一天超過五到七個會議，基本上腦袋就很難從衆多會議的討論中停下來，此時就像開車時停下來打了P檔還要拉手煞車一樣，要強迫自己把腦袋暫停，不然還是會不小心思緒又流向當天衆多的討論項目，很難入眠也很難睡好。

泡溫泉是我很喜歡的活動，十分有療癒感，同時可以強迫自己關機。泡完溫泉全身舒暢，根本什麼也無法想，只想喝水和休息，十分有效。除了泡溫泉之外，其實按摩和芳香療程也有一樣的效果，強迫自己進到另一個情境，也無法再動腦想其他公事，這都很適合安排在會議滿檔的工作日晚上，逼自己關機，通常回到家都是秒睡，隔天精神十足。

2. 白天情緒起伏大，需要一段靜心的時間：長距離的散步

有時睡覺前無法入眠是因爲白天的情緒還沒辦法緩和下來，或許是生氣、焦慮、不滿、被誤會或單純只是大活動前的緊張。

只要白天有經歷較大的情緒起伏，其實晚上都容易睡不著或睡不好，此時需要一段靜心的時間，不妨選擇長距離的散步，我常常去家附近的河濱公園一次散步六公里，慢慢走的話，來回大約是一個半小時，回來全身汗，洗個澡就很舒服，心情也很平靜，進入睡眠狀態都會有很高的品質，這個方法

無論是白天有情緒起伏或是一般的日子，都很適合進行，也不需要預約或準備，穿上鞋就可以出發，是很適合靜心的活動。

如果是下雨天，我會選擇在家鋪上瑜珈墊，看影片來一場自己的瑜珈伸展，那也是一個很棒的靜心活動，一段練習不夠就做兩、三次的伸展，最後「大休息式」（瑜珈最後一個動作，大字形平躺在地，讓意識與肌肉放鬆）時，躺著都快睡著了。

以上幾種對策交互使用，能幫助你強迫關機，快速進入睡眠，並擁有好的睡眠品質。路要走得長遠，自我保護是必須的。

戒掉手機不離身的方法

1. 該睡眠休息時將手機設無擾模式。
2. 對方來電時間太晚勇於拒接或掛斷。
3. 用喜歡的運動或休閒活動來轉移對手機的注意力。

績效高、受上司重用，卻被同事排擠怎麼辦？面對職場抹黑的防身指南

「拜託，她還不是因爲會抱老闆大腿，不然爲什麼年年達標？老闆挺她啊！」

「對嘛對嘛！老闆都把好的客戶給她做，產品部門也都給她最多資源，害我們都沒有好貨，怎麼可能賣！」

小美在廁所時，聽到外面同事們又在議論她了，此時開門出去很尷尬，只好忍耐，聽著隔間外大家七嘴八舌地講一些完全不是事實的謠言，待大家走遠後，小美才從廁所走出來。說不難過絕對是騙人的，她一邊洗手一邊看著鏡子裡眼眶紅紅的自己，覺得受傷又無奈，平時和善待人的她，不僅工作兢兢業業還很客氣，對同事也時常主動幫忙，但不知道爲什麼總是成爲同事私下議論的對象，有幾個同事更明顯，敵意很重。

職場上那些惡意中傷人的閒話到底是哪裡來的？相信大家多少聽過也碰過，好比說得到下屬愛戴的主管，就是管理不夠嚴，或是有些人獲得老闆特別支持，就是會向上管理、沒在用心做事；支援部門特別相挺，就是排擠他人資源；客戶關係深，就一定是假公濟私、利用公司資源。

抓幾個小辮子加上人證，人才沒死翹翹也只剩半條命了。

如何面對職場上的惡意抹黑？

職場打滾數十年，看盡人生百態，這類情境我也曾經歷許多，慶幸自己總是遇到好老闆、好主管的相挺，但身邊總看到不少可惜的例子，這些人才無法克服這些閒言閒語而因此陣亡求去，這不只是公司的損失，更是人才的損失。

生存守則其實很簡單，主管、人才都該看一看。以下就來說明，當你面對閒言閒語，該有的正確心態和處理方式：

競爭是躲不掉的，人才自己心理素質要提高

人才可以假扮庸才，但鑽石永遠會自然發光，假扮也擋不住的，競爭就是殘酷舞台，不是你想閃就閃得掉。

關鍵是人才自己的心理素質要提高，時時做好心理預備。被攻擊的時候可以有情緒，但不需要生氣太久，像這樣的情況其實不少，而你若是人才，遇上這樣的攻擊絕對不會只有一次，有這樣的認知，就能有好一點的心態來面對莫名其妙的惡意與攻擊。

倘若你的行爲被誤解、而不只造成自己的閒言閒語，還造成自己的主管、老闆難爲，那麼就要稍微詢問一下主管，自己是否有需要調整的地方？即便行得正，還是貼心一點想到對方會比較好。

主管得提高警覺，出面當糾察隊是提油救火

庸才不會成爲競爭激烈時的箭靶，人才才會。而人才才是我們身爲主管的人該守護的，如果你是主管，要提高警覺。遇到這樣的情況，靜靜觀察即可，因爲攻擊的行爲不會因爲主管出面制止就停止，只會轉爲檯面下，所以不需要把心思和時間花在這裡。

在互相競爭且經常有激烈衝突的團隊裡，難免會有這種惡意放消息、中傷別人的行爲出現，若是主管有觀察到這樣的情況，稍微關心一下當事人即可，不需要出面當糾察隊，閒言閒語、道聽塗說的事情很多，主管的時間可以花在更有意義的事情上。

面對同事的閒言閒語時要如何自處

1. 提高心理素質，被攻擊的時候可以有情緒，但不需要生氣太久。
2. 讓主管知道隨時提高警覺，但避免提油救火。

爲什麼一直喊著要離職的人都還在，其他人卻走了？

這個月看起來，業績又沒有機會達成了。所以會議上，從產品、業務、行銷的同事，無一倖存的都被老闆指教了一番，負責行銷的小晴，今天被老闆批最慘，因爲上周的新品上市銷售成績不好，所以從行銷活動到廣告素材都被老闆數落了一頓。

「老闆給我看著，再搞下去，我一定丟辭呈，信不信？」開完會後，小晴坐在座位上一邊打著會議紀錄和檢討報告，一邊生氣的跟鄰座的同事碎念她要丟辭呈。

職場上總會遇到這種時常喊著要離職，但永遠都穩穩做的同事，坐在小晴附近的同事老早就聽到小晴講她要離職，講了N年，但也不見她採取行動，但現在全部門除了主管外，就屬她最資深。她時常都負能量滿分，一天沒聽她罵老闆，還會不習慣。

職場到處都是雷，沒有完美的環境

相反的，也有人在職場上是一直換工作，統計同期畢業的同學是最準的，有人畢業五年內至少換三份工作，也有人三年內換了五份工作，像這樣頻繁換工作的人數不算少，問問他們，一直換工作，眞的有變得更好嗎？或許答案也並不盡然。

爲什麼？

問問身邊那些喊離職，卻遲遲沒有換工作的人就知道。例如小晴，她在職場也十多年了，清楚明白一件事：天底下沒有完美的環境，到處都有老闆、組織、企業的問題。

俗話說：職場上到處都是雷。而當中的區別只有適應力好或適應力不好的人，習慣怪罪環境的人，換到哪裡都一樣，而容易被周圍負能量圍繞影響的人，自己若沒有培養足夠的判斷力，常被周遭負能量的人影響，結果就是喊著離職的同事都還在，自己卻衝動的走了。從一個坑再跳另一個坑，從一個雷缺再跳到下一個雷缺，情況並不會更好，反而會讓自己一直陷在無限的負面循環裡。

目前的工作是否值得做下去？先審視自己想從中獲得什麼

那麼，職場上散發負能量的人那麼多，說不會受影響是騙人的，但有一個好辦法，會讓你更理性的判斷自己該留還是該走，而不會被周圍的同事牽著鼻子走：

只要「聚焦在自我成長軌道上」，就不會在周圍負能量裡迷失方向。

如果有一個完美的職場環境，而且能確保它永遠不會變，那麼我們當然可以把目光完全投入在組織的發展上，公司好，人人都會好，但天底下早就沒有終生雇用這種事了，如果有，你也不一定想在一家公司做到退休做到老，所以決定要走、要留的關鍵，應該要聚焦在自我成長軌道上，這才是你判斷去留的重點。

如果再做三年，想得到什麼？

「我想學會數位行銷的技能，把經營流量的技巧全部學會。」

「彈性上下班讓我能熬過接送小孩的這幾年，接下來就能讓小孩自己上學了。」

「這份工作薪水多，但成長性不足，等我還清學貸，想換個領域看看，有第二成長曲線比較好。」

以上都是我曾在職場上，聽過同事分享的留任原因，這些人都清楚知道自己的成長軌道以及近幾年該拿到的能力。或現實一點，只是要取得暫時的現金流，或是享有彈性工時、不加班的個人空間。如果主觀、客觀的分析自我的成長軌道，在現職還有成長機會，那麼身邊即便有小晴這種天天抱怨的同事，你也可以雲淡風清的聽過就忘，不會再受影響而衝動辭職了。

思考是否要繼續待在原工作崗位的方向有哪些？

1. 聚焦在自我成長軌道上，不迷失在負能量中。
2. 思考如果再做三年，想得到什麼？
3. 現實的生存問題。

「他在你們公司做得如何？」Reference check 哪些話要直說、哪些話要小心說？

職場工作愈久，愈容易成為別人 Reference check 的對象，我算是一個很稱職的推薦人、Reference check 的對象，幾乎過往合作過的子弟兵、合作夥伴等等，只要寫我名字在推薦人欄位，幾乎都可以順利通過面試。

但我接到履歷查核的詢問時，也不是都在褒獎子弟兵，因為一個不適合的職位，如果因為我的推薦而拿到工作，我反而會替對方擔心，再說轉職充滿著各種適應風險，如果真心為了求職者好，應該要站在更高層級來思考適任性問題，以自己的經驗來判斷、建議，讓求職者與新雇主雙方更了解彼此，新雇主才知道適不適合用？如果要用，怎麼用才能發揮？這些客觀意見，都可以幫助新雇主、子弟兵可以在未來合作愉快。

以下是我自己的幾個建議，提供給大家，如果你也成為別人的推薦人，或是因前主管、工作夥伴的身分而成爲別人的履歷查核對象，可以就求職者的適任性、發展性等面向，與新雇主分享如何幫助他上手和成功、籌組團隊等等。

1. 誠實表達意見

我遇過有求職者雖然沒有寫我是 Reference check 對象，但新雇主還是找上我的例子，但當中有年資虛報的情況，一次增加好幾倍年資。我能明白有一些求職者爲了拿到更高的職位，會有美化自己履歷的情況，例如一群人一起做的案子，寫成自己的功勞；Report Line（匯報對象）高掛好幾層、寫到大老闆等等。

有時候美化的範圍已經超過事實，例如年資，我還是會提出糾正，澄清一下眞實的情況，但如果只是美化過程、加大自己貢獻，我就會微笑帶過。畢竟履歷查核的過程就是要知道事實的原貌，我們還是要在事實基礎上說話，錯誤資訊與美化資訊的拿捏，可能有點主觀，如果有點猶豫又不想正面回答，也可以說：「時間有點久了，不好意思，有一點忘記了。」

2. 給予適任性問題的協助

我一般也會基於對曾經合作過的夥伴的了解，問對方用人主管、HR主管一些問題，來了解這個職務的背景、組織情況、目標等等，是不是真的適合這個求職者？舉例來說：對方有一個新部門的主管職務要找人，但我這個子弟兵其實比較擅長執行任務，不適合披荊斬棘地開拓市場，重重難關會讓他立刻知難而退，做不長久。我就會進一步確認這個角色的上層有沒有可以幫上忙的主管帶領？

在適任性問題的協助是雙向的，一邊回答對方主管的問題，一邊也可以幫求職者了解這個新公司的情況，有助於讓兩方確保彼此合適，而不是因爲缺人就趕快找一個人去，不行再刷掉，這樣對於人才、企業都是傷害。

3.考慮發展性

很多時候，求職者會跟我先分享新機會的背景，還有他之所以想去試看看的原因，但在我的角度上，也會想知道新雇主對於該人選的未來發展計畫。

一般來說，新人都在觀察期，所以只要詢問產品、部門、公司的短中長期發展目標就可以了，此時就可以說：「如果他順利錄取的話，未來你們公司還有哪些角色是他可以貢獻的？我可以一併提供他的相關工作、專案經驗、能力給你們參考。」通常這樣詢問，對方就會更仔細地跟我說他們組織的發展計畫，我就會再補充一下，這個求職者其他的經驗、技能，也可以幫上什麼忙等等，這對於求職者的發展性有所幫助。人事部門、用人主管通常就會筆記起來，放在心上。

4.提供錄取後的建議：加速上手與初期成功

如果相談甚歡，我會再提供新雇主適合的到職輔導建議，舉例來說，我曾提供這樣的意見：「他在這個產業上比較不熟悉，但是在數位、電商等知識絕對足夠，如果可以的話，你們可以讓他去前線看看，這會有助於他更快理解生意面，可以跨部門合作更順利、更有全局思考的概念……」只是幾句話，但絕對可以幫助新雇主和求職者的合作快速推進成功的第一步。

5. 如果求職者是主管職，可以提供管理風格的意見

企業文化不同、管理風氣也不一樣，如果這次來徵詢意見的職務是管理職，我就會多問一些新雇主的企業文化、管理風氣、部門如何帶領團隊成員的問題，如果有我可以提供的資訊，我會提供給雙方，這也是幫助對方HR未來替求職者招募新團隊、輔導他空降成功很重要的意見與資訊。

以上五點是我那麼多次擔任推薦人或是 Reference check 對象時，會實際用上的注意事項，也提供給大家。

如何當個勝任的推薦人？

1. 公正且誠實表達意見。
2. 確認有助於求職者的提問。
3. 確認求職者在新公司的發展性。
4. 為新公司提供任用該求職者的建議。
5. 確認公司文化是否適合求職者。

爲何有些人吃了虧、遭人誤解，卻不據理力爭？減少情緒勞動，專注自身目標

「每天都在跟同事、主管鬥智，爲了怕無辜背鍋、莫名中槍，不管是開會、寫信回信，都要專心聽有沒有誰又要推責任、潑髒水，搞得天天累得要命，超級無奈！」在一間老企業裡待了兩年的朋友對我說著他的心情，往往回到家筋疲力盡時，他還是要一封一封把 Email 看完、數十個群組內的訊息，他也要全部讀過，即便沒有呼叫他的專案群組，他也要看過，套一句他說的話：怎麼知道誰會突然弄你。

「如果不理會那些人、事，會怎麼樣嗎？只專注做好自己的事，不行嗎？」我聽完好奇的問，畢竟防不勝防，時間光是做事就來不及了，哪來空檔去管那麼多閒人出招。

「不行啊！妳不知道那些人，爲了推事情、卸責、踩著你往上爬，什麼話都可以講，你不第一時間澄清的話，別人還眞的以爲是你有問題，背鍋背的莫名其妙。」朋友氣憤的說，彷彿一提起這些事情，就有許多故事劇情在腦海裡上演，讓他滿肚子氣。

其實這些職場現象在工作生涯裡，人人都見識過，往往使人過勞的，都不是對工作目標、個人目標有幫助的事，而是這一些不公義的事情引起的情緒勞動。

爲了把力氣花在眞正重要的地方，我們可以試著養成減少衝突、減少情緒勞動的習慣，例如被誤解卻不解釋、被潑髒水也不計較、對閒言閒語不理會、遇到爭執退一步、吃虧沒關係了、對方不守信用時摸摸鼻子、遇到有理說不清的人學著苦笑、被誤解的時候就算了……這些都是違背人性的行爲，需要很多練習，但練就這些行爲不代表自己的軟弱，反而是強大，因爲可以克服自己那種想要「維護人性尊嚴」和「維護個人權益」、「凡事據理力爭」

的心態，保留更多能量專注在重要的事、朝向自己追求的目標，這才是強大的內心所能做到的事，不只是內心，其實能力上也會在日復一日的專注積累中，達到自己的目標。

有意識的練習，可以在你遇上這樣的事情，感到心浮氣躁時這樣做：

1. 確定自己心中重視的人事物

對這些傳言的看法，一般來說，智者有一定的判斷力、很多人對散布謠言與中傷對方的人，反而反感。如果在你的確認下，你重視的人並沒有受此誤會影響，那麼你可以讓心情放鬆，也可以藉由練習慢慢放下這些不正常的常態，下一次再遇到同樣的狀況，心就會更安定一些。

2. 筆記生事的這些人、事、物，能閃多遠就閃多遠

會生事的人、團隊很難改變，一碰上他們通常事非多，有時在工作上難免會接觸，無可避免，但就記得公事談完就閃人，不要有太多互動，以免造成自己困擾，而有些事、物牽涉到權力或利益，不如表面上的事那麼簡單，如果閃不過，就做事就好，擋到別人的利益或爭權的地盤，難免會被流彈所傷，放平常心看待，重點擺在事情上，那些其餘的就當成過程就好。

這份筆記留給自己看，用意是一次又一次遇上這些人、團隊、事、地盤又會再碰上一些事情以外的情緒勞動，多給自己一些預備，保護身心健康，不要被激怒。

3.給予時間的留白

訓練自己的強大內心，需要有留白的時間，讓自己可以消化情緒、整理心情，如果一個會接一個會，任務一個接一個，那些被壓下來的脾氣，沒有釋放的壓力，久了會讓人被壓跨或一次爆發，建議在碰上這類事情時，給自己時間的留白，至於要怎麼消化，相信每個人都有自己療癒的方法。

人生的減法原則對我來說是少發一點脾氣、少一點抱怨、少一點爭執與講道理，就有推進個人目標與能力的餘裕了。內心的留白，需要刻意練習。

如何練習減少情緒勞動？

1. 確認心中重視的人事物。
2. 對於會消耗情緒的人事物能閃就閃。
3. 時常給自己留白的時間。

為何而怒、為何低潮？寫下對外控制「情緒勞動」的方法

瞎忙有兩種，一種是實際做事情的瞎忙，另一種則是情緒勞動的忙，非常消耗力氣與時間，有時候情緒上來了，別說事情做不下去，連思考工作都無法平靜下來做。

我自己有寫一篇筆記在手機裡，主題就叫做「情緒勞動」，寫下自己對外控制情緒勞動的方法，非常有用，分享給大家，你也可以觀察自己的情緒，都為何而怒、為何低潮？透過什麼方法來緩解？

我自己的經驗是，筆記個半年，你就會找到那些會激起你怒氣與負面情緒的雷點，也會找出應對之道，讓自己避不掉地雷，至少快點平靜下來，控制那些白白消耗的情緒勞動。

1. 不得已要生氣，提醒自己**用最小情緒波動去反應情緒**。

2.生氣時去做能讓自己滅火的事冷靜下來。我的話是去泡湯跟散步，而且一走要走六公里才夠。

3.不抱怨，使用正面語言。眞遇上想抱怨的事，提醒自己使用正面語言，例如：遇到對方口氣不好時，用「我可以同理你因爲太忙而……」。

4.不交惡，拒絕時改一個說法。例如：用「我評估看看」來取代直接拒絕，給彼此緩衝的時間，不交惡。

5.遇到想翻白眼的人、事時不回應。已讀不回比直接嗆對方、擺臉色來的好。

6.想跟主管老闆回嘴的時候，改說：「了解」。「了解」二字不但可以句點對方，還能緩減情緒讓自己不急著起衝突，有什麼想法可以冷靜後再說，雙方或許不會在情緒上，老闆也不會沒面子。

7.會造成你情緒勞動的人，離他遠一點。可以說：「我先忙」、「我去開一個會來避開對方」。

逃避雖可恥但有效，很多力氣沒必要花，即便要溝通也可以採取更有效的會議形式或是 Email、訊息往來，不必照單全收對方給你的情緒勞動。

8.辨識對方的焦慮。當對方打岔、快速回話、講以前沒說過的新專案時，代表他正處在情緒高漲的過程，而來源通常是內心的焦慮感導致，此時很容易愈講愈激動，或有過度樂觀的發言、不夠務實的判斷等等。可以先聽、筆記、少說話，因爲人在此時根本聽不進去對方的話，事後再多方評估、再次確認就好。

9.遇上批評時不需急於解釋。可以簡單回答：「我會留意」、「我會觀察看看」。解釋愈多，受傷的感覺愈重，有些事情是事過境遷後才會慢慢知道眞相，要順其自然不要急於表現、急於解釋，那很耗時間體力而且沒有用。

10.常常做收穫盤點，記錄個人學習筆記。主要是可以提醒自己事情並不是都那麼糟，也有好的部分。

11.學著劃清情緒界線。當對方的情緒發作，跟你發洩的時候，不要試圖跟對方講道理。

學著說：聽你這樣講，我很難過。→**表達支持**

如果你其實並不想聽，可以跟對方說：那，我可以爲你做些什麼？→**轉移注意力**

最後：凡事不要計較太多。→**回頭看看這篇**

控制情緒勞動的方法

1. 做能讓自己滅火的事。
2. 使用正面語言。
3. 已讀不回比正面衝突好。
4. 遠離會讓你產生情緒勞動的人。
5. 對方太激動時先聽、筆記、少說話。
6. 記錄事情好的部分。

Part 4

如何平衡在忙碌工作之外的生活？工作 vs 生活

懂得放手是需要練習的，有的人要練習一輩子。

很多身爲主管職的工作者常因爲不放心、怕搞砸、擔心一堆有的沒的問題，什麼事都要自己親自做或是看過才能執行，可想而知當然會忙碌到影響生活，長久下來會過勞，身心不健康，如果跟我一樣還有兩個小孩，那就更快壓垮自己了。

懂得放手並不是因爲可以減少身爲主管的監督工作量，而是放手才能讓底下團隊成員負擔他們該有的責任、讓他們快速成長；在大量試錯中變成能獨當一面的戰將，養足能力與自信，而不是永遠只是你的助理或是特助、專員。我也因爲這樣能接手很多工作、任務、部門的管理，還能維持工作生活平衡。

團隊成員自己動手做、自己錯中學習的經驗愈多，就愈有自信可以承擔更多責任，相反地，什麼都要身爲主管的你看過，那在時間有限下，你們兩人的時間限制就是成長瓶頸，未來只會愈來愈累；會議開不完、事情做不完、火氣愈來愈大，甚至影響到下班時間都要全心投入加班也做不完，效率不佳跟團隊能力養成都是未來的成長風險。

不放手通常跟自身的焦慮感有關、還有出於自我價值認同感的需要，要思考的是內心的陰影從何而來、要有意識的自我療癒或是找專家對話，療癒自己內在的心，不要讓不放手影響工作生活平衡，成爲公司內部效率不佳的卡點。

有睡覺，不代表有「好好休息」！六個誤區，讓你永遠甩不開疲勞感

大家都懂休息的重要，但是真的了解「好好休息」是指什麼嗎？曾經讀過一本恰巧就叫做《好好休息》的書，才發現有很多影響睡眠、休息的誤區，自己跟身邊的家人朋友都常常誤踩，雖不至於現在就造成長期影響，但是不可不慎重看待，筆記下來打算盡早改過，也提供給大家檢視一下，你們是否也常常犯？

1.白天秒睡、打瞌睡不是好事

睏睡度太高代表晚上沒睡飽（好），這些睡眠債總歸要還的，而且白天補睡幾小時無法彌補前一晚的睡眠，甚至還會讓當晚睡不好，造成生理時鐘大亂。所以老是在白天打瞌睡的人，要檢討一下自己晚上的睡眠是否足夠七

到九小時、睡眠品質夠不夠好？

我自己的小孩常常說上課時，老師講話很無聊，導致自己常常不小心打瞌睡，但其實以書中所言，前一晚睡眠如果不足，隔天白天才容易有睏意，不然頂多是覺得無聊而已，不會睡著。況且青少年需要滿滿八到十小時的睡眠，但現在的娛樂誘惑太多了，滑個短影音、跟同學網路聊個天、打個遊戲，往往都會超過該睡覺的時間，就算關掉手機、閉上眼睛，也很容易因爲「過嗨」而睡不著，導致睡眠不足，欠下滿滿的睡眠債，白天老師上課當然會聽不下去、想睡覺。總歸來說，還是晚上貪玩沒辦法早睡導致的問題。

2. 心力、腦力消耗過度，身體也會累

身體累了會想睡，但除了體力勞動之外，很多人會忽略情緒勞動和腦力消耗，其實體力、心力、腦力都會造成疲勞，身體都會像電池沒電一樣，需要好好充電休息。

心力消耗影響甚遠，心力消耗來自於：負面情緒、正面情緒、非預期發生或是非自主能控制事件造成的情緒。在工作、生活中常常需要刻意調節自己的情緒表達，甚至違反自己最眞實的情緒，這就是所謂的「情緒勞動」，白天的情緒勞動會影響晚上的睡眠。複雜思考帶來的腦力消耗也不容忽視。

現在工作環境的挑戰大，不管是產業競爭、職場政治或是服務業第一線的工作，都是勞心勞力，遇到跟對方有理說不清的消費者，還要耐住性子、和顏悅色又堅守立場，相信處理完一個案子都快虛脫無力了，這就是標準的心力消耗造成疲勞過度的狀態，如果沒有稍微中斷一下工作，去喝杯茶轉換心情，當天多累積幾個這樣的案子，晚上鐵定睡不好、睡不著。

3. 每天高品質的睡眠不滿六小時，是職業倦怠的重要成因

人沒有好好睡滿六小時，就像手機剩不到百分之二十電力，明明應該進到省電模式，卻還是強迫運轉一樣，最後不但電力很快就耗光，電池壽命也

會降低。當然人也可以憑動機、意志力、熱情來克服工作疲勞，但最後還是要付出代價，而那個代價通常不小。

書上提到，很多人長期處於這個狀態還安慰身邊的人說：「別擔心，我不太需要睡太久，精神也很好。」這其實是不正確的觀念，千萬別被意志力與熱情可以抵銷睡眠時數這種觀念誤導，我在電商、數位、新創圈看到特別多這樣的案例。

4. 休假時沒有「好好休息」

這是一般人最常犯的錯誤，我自己也常踩的誤區。這四種情況，會造成休假後精神沒有更好，甚至更累：

1. 頻繁滑手機。
2. 隨身攜帶筆電。
3. 追劇帶來空虛感。

4. 報復性熬夜。

就如同文章前面提到的，除了體力以外，消耗心力、腦力也會造成疲勞，都已經沒電了，還要耗費情緒起伏來滑手機、工作、追劇等，不但沒辦法完整地休息，還會降低休假日晚上的睡眠品質與時間，常常愈休假愈累。別懷疑，看劇時帶來的情緒激動，有時候不亞於工作呢！

5. 在睡前攝取過多咖啡因

人體的咖啡因代謝半衰期爲五到七 小時，半衰期的意思是，身體代謝所攝取的半數咖啡因所需的時間，也就是說，這段期間內還有一半在體內，所以建議睡前八小時不攝取咖啡因，不管是茶或是咖啡。

6. 分段睡覺

不是加起來超過八小時就代表有足夠睡眠，分段睡覺對白天的表現、心情、健康有不良影響。

以上幾點，我和身邊朋友幾乎都全中，不曉得各位盤點後有沒有需要立刻注意或是改善的地方呢？從來不知道「懂得好好休息」原來也是一門專業，而「睡得飽又睡得好」也是一個重要的才能呢！要能長線作戰、享受成功的果實，身心健康勢必是重要的基礎，就算目前沒有明顯的不良影響，也建議及早建立好的休息習慣，讓身體的電池不因常常過度耗電而衰老，維持健康狀態。

如何算是有「好好休息」？

1. 晚上睡眠須充足，至少七小時。
2. 適時調節情緒表達。
3. 注重睡眠品質。
4. 休假時徹底休息。
5. 勿在睡前攝取過多咖啡因。
6. 白天也分時段適時休息。

你的行事曆有爲自己「留白」嗎？
生活有餘裕不是因爲效率高，而是懂得說「不」

大家關注高效工作、高效溝通、時間管理，以爲這樣就可以成爲時間富翁，這其實是一種誤會，眞正有餘裕的人並不是能力好、做事效率高，而是懂得節制，不只是在工作如此，在個人生活也是如此。

關心眞正重要的事，其他不重要的事情，別在意、不放在心上，讓注意力有餘裕。很多人遇到邀約或是活動都只在意行事曆該時段有沒有空，但「有空」跟「注意力有限」要一起考慮，關注太多事情非常燒腦，連續幾天下來會筋疲力盡，也剝奪了獨處、閱讀等需要一個人的活動或是空白。

把時間留給和眞正重要的人交流，而不是人家約你，只要有空就答應。要學習辨識什麼場子沒必要參加、什麼人的邀約直接拒絕，時間自然有餘裕。

對新鮮事物好奇是好事，但看到別人做什麼，就想跟著試看看；社群網站上什麼正夯，就跟著一頭熱，長久下來會把自己的金錢、時間浪費在別人的興趣、當下熱門的體驗上，忽略了自己其實也有很多想嘗試的事物，卻因為資源匱乏、沒錢、沒時間而作罷，十分可惜。

說到底，再怎麼練習時間管理、增加工作效率、甚至於培養高效腦的方法，再怎麼練到高效，只要多排幾個無意義的約會、非自己感興趣的體驗活動，就消耗完那些利用效率擠壓出來的時間與注意力了。

節制是需要練習的，甚至是一種習慣，伴隨而來的是「懂得說不」、「答應之前要多想一想」、「放下焦慮」。如果暫時沒有辦法做到，常常跟著當下感覺走，把自己搞到筋疲力盡或是後悔，可以回顧自己的行事曆，對已經過去的每一個行程重新思考必要性：再給自己一次機會的話，會想參加嗎？多問自己一次，往往可以冷靜一點，下一次做對選擇。

檢討行事曆的方法

回顧與反思：

每周回顧已經過去的那周的行程，趁記憶猶新的時候，誠實面對自己的感受最準確。問問自己：上周這個時段可以重新選擇的話，還想維持這個計畫嗎？並筆記下來自己重新選擇後的結果。

每月總結：

把那些因爲錯誤決定而浪費掉的時間統計起來，與上一個月做比對，狀況是更好還是更壞？浪費掉時間與注意力的活動，都來自什麼原因呢？例如：不好意思拒絕朋友邀約？以爲有收穫的業界聯誼社群活動，但其實沒有？作爲自己下一個月的參考，當又遇到一樣的情境，觀察自己是否有更好的決定？

列下心願清單：

將非常想做、但一直苦無資源（可能是沒預算、時間或體力）執行的活動或聚會列成清單。一旦有猶豫是否要塞進空檔的活動、聚會，就把這份清單拿出來比對，給自己提示一下，時間與注意力都有機會成本的，暗示自己可以有更好的決定。

每個人一天都是二十四小時，扣除健康的睡眠時間，能做的事情就是有限，但我們遇到活動或是邀請，往往一有空就往行事曆塞，時間就這樣耗費掉了。有機會可以為自己選擇更符合自己想要的生活，第一步就是要戒除這種不節制的浪費，在注意力有限，時間、體力、金錢也有限的狀況下，每一周、每一個月都為自己做出更好的決定，就不用為了時間不夠用，老是要追求高效工作、高效溝通，或是學習時間管理，甚至利用零碎時間多工運作了，減少這些干擾更可以改善拖延症，讓自己專注在生活中重要的項目上。

如何取捨，過自己想過的生活？

1. 關心真正重要的事情。
2. 在行事曆上刪除不必要、無意義的約會。
3. 定時檢視行事曆，做最洽當的安排。

能量都快被家庭、職場榨乾？無法改變環境時，你至少要爲自己勇敢一次

「昨天我媽又因爲不爽我弟不回家，牽連到我，晚上因爲一個小事情把我罵一頓，整個家烏煙瘴氣，害我整個晚上失眠。更慘的是，今天一早去公司又堆滿了幾百封請款單要處理，老闆說還沒找到人之前，要我辛苦一點，我聽到這句話，沒睡飽的火氣大都要發出來了。」

總是在社交平台上寫滿負面心情抒發文的好友忎嵋，長期對現況不滿，又無法改變環境——家庭衝突讓他總是失眠，加上職場的人力不足導致長期過勞，即便年年有加薪，老闆也很重用他，但家庭、職場的雙重內耗常常壓得他喘不過氣來。

跟朋友討拍沒有不好，只是解決不了問題

因爲長期不健康的相處模式，讓媽媽把他當成情緒的出口，只要跟弟弟吵架，媽媽就會挑他毛病、借題發揮，把情緒發洩在他身上。

而工作的老闆也是，一開始部門有人離職，事情堆在忑嵋頭上時，老闆還會急呼呼地徵人，後來發現忑嵋都會加班做完，長久下來，因爲都沒出什麼差錯，忑嵋默默地發現，老闆在找人上顯得不積極了，之後又陸續有同事離職，他的加班時數愈來愈長。每天加班的結果，腰酸背痛不說，連失眠情況都愈來愈嚴重。跟老闆反映時，老闆也只是安慰他人很難找，要他共體時艱。

一開始大家看到他的社群貼文，還會留言安慰他，但即便友情如此溫暖，不解決問題，只試著調適和想開、討拍是不會有幫助的，久了大家也會失去耐心。長期內耗下，他的身心愈來愈不健康，而旁人也會因爲他又總是充滿

負能量，漸漸遠離他。

忍耐不會讓事情更好，甚至會更糟

忑嵋背負的的壓力，其實都指向一個核心的解方：當內耗變成長期的狀態，需要的就是勇敢、衝動一次，離開讓自己內耗的環境了。

如果不果斷逃離，繼續當媽媽的受氣包、老闆的能幹員工，那麼長久下來，身心、人際關係都出狀況不說，還會讓媽媽和老闆養成習慣、變本加厲而已，媽媽說話會愈來愈兇、愈來愈傷人；老闆會給愈來愈多工作。離開長期不健康的環境和人，讓他們尋求自身課題的解決方案，才是對彼此都好。

不是所有人的問題，都需要你來吸收、試著自我調適的，如果你也跟忑嵋一樣長期內耗、又無法改變現狀，試著勇敢離開不健康的環境，放自己一馬，才是尊重自己身心健康，負責任的行爲。

幾個你應該爲自己勇敢一次的新思考方向：

1.目前的你自知身心狀態不好，短期內會有轉機嗎？環境有可能會改變、變好嗎？如果會，大概是多久呢？如果不會，有什麼可能性創造改變呢？

2.想要爲家庭、工作、團隊或他人負責任，但自己已經明顯身心俱疲了，再拖下去，可以熬多久呢？有沒有其他人更適合這個角色？或是有沒有人能夠來分攤你的壓力呢？如果沒有，要怎麼創造或找到呢？

3.明知道該採取行動，就遲遲無法走出第一步，問問自己是什麼原因呢？有什麼方式可以幫自己一把，更容易踏出第一步呢？如果有，那個方法是什麼呢？

無法改變環境又想爲自己勇敢一次時，不妨問問自己上面三個問題，相信從自己的反思中，會有更適合自己的答案。

職場與家庭兩頭燒，該如何平衡？

1. 「討拍」適時就好，過多容易將壞情緒影響他人，反而造成反效果。
2. 試著勇敢離開不健康的環境，放自己一馬。

被客戶轟炸，一整天都超不爽！「情緒過勞」時，如何自救？

「你都怎麼面對這些工作上亂七八糟的事情？」某位最近迷上慢跑的朋友遇到我，她開口問了我這一句。

「你的慢跑就是很好的方法啊！」我回答。

「但我常常覺得心好累，很想放棄。」朋友輕描淡寫的說，但其實我知道她近期為了工作和家庭，十分操心，諸事不順。

這位朋友處在情緒過勞的狀況，已經好一陣子了，人若長期處在這個情況下，不僅會影響工作表現、更容易影響生活，同時也是高離職風險群。往往壓死一個人，使其最後決定放棄的，都不是工作量，而是情緒勞動的負載過重。

但每個人在職場上，都一定有人際關係、與他人的合作需要進行，這些對上、對下，對內部，對外部的各種合作上，每天產生的情緒勞動很多。

以我這個朋友來說，她常常要面對不懂卻要裝懂的客戶，爲了專案執行的最終成效，說明時要有禮貌又給客戶面子，提供更多的資訊來幫助客戶做出對的決策，在與客戶對談的當下，還要展現微笑、感謝客戶回饋意見等情緒勞務，常常一天開好幾個會，一到平日晚上下班時間，幾乎都找不到她，因爲她總是在吼小孩或是累到攤在家裡沙發上。

這還不是最累人的，她還有一個因壓力很大，而脾氣常常一下子就升上來、陰晴不定的老闆，以及跨部門愛搶功勞的合作同事，這些事情常成爲讓她火冒三丈的點火器，往往她找我聊天都是因爲這些鳥事，因爲她當下需要有個出口。

人在江湖身不由己！發現自己情緒過勞時，該如何自救？

情緒勞動避免不掉，那些鳥事持續發生，同事、主管、客戶都不能換，該怎麼辦？

我慶幸她最近迷上慢跑。人在江湖身不由己，這些職場日常是很難避免的，但當你已經意識到自己的情緒勞動滿載，該如何自救呢？下列這些方法與建議是我自己最常採用的，也提供給大家做爲參考：

1. 減少接觸，降低傷害

對一個情緒化、陰晴不定又很重要的工作夥伴，例如是你的主管、外部客戶、內部的其他合作單位主管等等，工作上很難完全避免掉接觸，但可以設定好固定見面的頻次來控制傷害，也可以在計劃開會的時間之後，有一段恢復情緒勞動的空白行事曆，用來收拾自己剛打了一戰的疲憊。

「我們每個月固定一次月會好嗎？可以雙方對焦一下？」

試著固定下來每月或每雙周的會議，然後在月會後，再設定一個小時的「心情整理時間」在行事曆裡。

這種方式絕對勝過總是突如其來的接到電話，或是被約會議，然後一整天忙碌的行程中都帶著怒氣與不爽的心情撐過一整天。

2. 拒絕臨時的邀約

對情緒過勞的人來說，就像肚子裡已經裝滿火柴，任何突如其來的會議邀約，或主管的一句話、客戶的一個抱怨，都有可能成爲點火器，所以，長期處在情緒過勞的人，要有勇氣拒絕臨時的邀約，讓自己的行事曆盡可能經過設計與安排，否則臨時暴怒傷及無辜可能也會無法收拾。

你可以這樣說：

「啊，抱歉，我今天會議全滿了，不然你給我這周幾個時間，我等等開完會再回覆你。」

3. 更積極的培養興趣

情緒過勞的人，滿腦子都塞滿不開心的鳥事和人事，若沒有可以全心投入另外自己興趣的時間，那麼對自己的生活與睡眠都會造成影響。

以我來說，運動（重訓）以及寫作就是很好的 Me Time，個人很享受的專屬時間。因爲重訓在做任何動作的當下，都要全心投入，腦子裡不能分心，去想其他的事情，有餘力想，就代表強度可能不夠，可以請教練調整一下。

而寫作也是，在寫專欄文章時，我必須與媒體的編輯們討論主題，還要思考文章的架構，若要寫出一篇對讀者有價值的文章，除了引導思考外，最好還有案例幫助了解，以及實際上的做法，文章才能對讀者更有價值。所以在運動和寫作時，我是全心投入，很難分心的。而更棒的是，這二件事都沒有天氣、季節、時間或是環境的限制，在家都可以做。這是最難得的一點，所以我可以一直持續下去。

4. 固定作息，規律睡眠與用餐

再忙都不能不吃飯、再忙都不能不睡眠。這些基本照顧自己的最低要求，正是你要留給自己最起碼的個人時間，尤其當情緒過勞時，把用餐時段和睡眠時間當成自己情緒與身體的充電與休息，是很棒的恢復，別小看自己的自癒力，很多氣得半死的事情，吃飽飯、睡一覺起來，火都消去一半了。

「我只是不想跟他計較。」我這個朋友，常常前一晚 LINE 我訊息，吐一堆苦水，早睡的我沒即時看到，隔天再抽空關心她，滿滿的情緒火山已經淡化成一片烏雲，再久一點，就撥雲見日了，所以別小看睡眠，規律的睡眠與用餐是很重要的。

以上四點提供給情緒過勞的朋友，當你常常覺得心很累、很想放棄的時候，把這四點再看一看，一點點改變，或許可以幫助你很多。

「情緒過勞」時，如何自救？

1. 試著與工作夥伴在固定會議後，設定一個小時的「心情整理時間」在行事曆裡。
2. 勇於拒絕臨時的邀約。
3. 培養有益身心的興趣。
4. 作息與用餐時間規律固定。

常當朋友心理的浮木？熬成黑眼圈的反思：善良的你，更該懂得「善待自己」

「Yuki 可以找你聊一下嗎？」這位朋友找我的開場白都是這句，然後當晚我又要熬夜了……。

他因為一些職場問題，正陷落在悲傷、難過、失眠、憤怒的負面情緒漩渦裏，我已經陪了他幾次，情況一直沒有好轉，反而因為劇情的高潮迭起，把成為傾聽者的我也累成黑眼圈。

「有你眞好，謝謝你願意聽我說，我只要跟你說說話就好多了。」掛掉電話前，聽到這句話讓人安心，表示他當天晚上應該能睡一下了。來來回回幾次，我也一直在想，到底這樣的陪伴是有效的？還是無效的？該不該勸他尋求專業協助？

人生中，我遇過以上的狀況幾次，每次都沒有好的答案，被當成別人人生的浮木其實心裡負擔很大、生理的睡眠不足也會影響自己生活，但不知道怎麼應對才是好的。

有陣子去張老師學院上了敘事療法的課程，一開始只是出於好奇而報名，後來才知道整班同學幾乎都是心理諮商師、社工或機構、學校的輔導老師。課程中有許多小組練習的機會，我這個外行亂入的，雖然很努力要進入狀況，但在經歷整個課程後才發現，難怪心理諮商的證照那麼難拿！因爲一個能幫助個案的心理諮商輔導，眞的好不容易啊。

只會寬容的傾聽，被個案思緒帶著到處繞、走到迷路等，都是一般沒受過訓練的人常會遇到的事，甚至實務上也因爲對方的身邊只有我們夠有耐心和愛，夠讓他安心，所以成爲他的浮木，但反而會讓沉重的情緒把我們壓垮。

以後再遇上身邊的朋友、夥伴來找我傾訴，我要學習辨識：對方是不是只需要傾聽者就好？還是有需要專業的輔導，要趕快推薦他們去看心理諮商？不是只有自己耐心的傾聽，因爲一個好的心理諮商輔導，能帶給一個人的幫助，遠遠超過陪伴而已。

拉回正題，到底什麼是敘事療法？在一片傳統或後現代療法中，敘事療法屬於後現代主義，主要有以下幾個論述：

．幫助來談者發現自己是擁有「選擇權」的。來談者並不是被困在原來故事裡的受害者，而是能重新架構故事情節的主導者。

．敘事治療是致力於將來訪者從「受害者」轉成「主導者」。

．人是自己問題的專家，要讓來談者意識到自己是自己問題的專家，他是「有能力」解決問題的！

．要「去病理化」，理解個案正在生命的重要議題裡，而不是直接說他生病了。任何人都可能在生命遭逢挫折、困境時，有低潮、憂鬱、悲傷的情緒。

在我這個外行人的理解上，敘事療法就是把對方當成是正常人，並幫助對方在走過自己生命重大課題的時候，知道自己暫時悲傷、暫時無助，但能控制自己面對眼前這個課題，因爲有問題的是問題本身而不是自己，並且要試著讓當事人能分辨兩者間的不同。

即便已經完成了課程，有一個好觀念，但未來反而會更鼓勵面對生命重大議題的朋友尋求心理諮商師的協助，因爲我們的陪伴或許能在過度時間時發出作用，讓他們擁有支持下去的動力，但終究還是需要讓當事人學會：

自己才是自己問題的專家，因爲，沒有人能一直扮演別人的浮木。

要如何當個稱職的傾聽者？

1. 辨識對方是否需要專業的諮商，還是單純的傾聽者。
2. 幫助對方從「受害者」轉成「主導者」。
3. 引導對方意識到自己的能力並試著請他自己解決問題。
4. 去病理化。

別把時間都浪費在「拖」！需要斷捨離的除了物，還有「人」

有一次主辦聚會，一位老朋友很興奮地說要來，但因為上午有事預計會遲到兩小時，因為他很想參加，我也不好拒絕，就答應讓他晚兩個小時到，參加下午茶的部分。

聚會進行到兩小時後，我開始心神不寧、一直張望外面，怕他找不到我們，也沒辦法好好專心在聚會中，也特意幫他留了一些點心，怕他到場時已經杯盤狼藉，什麼甜點都不剩。

最終到了晚餐時段、聚會都要結束了，他還沒出現，我才忍不住傳訊息說我們要結束了，大約幾點要到，對方才說還在忙、無法到場。當下真的有一股衝動想罵人，但聚會還在進行不好影響氣氛，只好草草結束對話。

晚上回顧跟對方往來的訊息後，發現同樣狀況早就不是第一次了，只是我們不常聚會，所以我忘記他的症狀就是衝動興奮地說想參加，最後卻臨時有事。從二〇二〇到二〇二四年一共發生三次類似情況，且每次都是時間過了沒等到人，我主動詢問後才知道他有事不能到。

人際關係除了要斷捨離，還要快！碰到很雷的人真的要快閃

走進第二人生後，我有了一個新的體悟：人生除了要「斷捨離」外，還要「快」。

以人際關係來說，很雷的人，往往會雷你第二次。因為與人相處的邊界感和分寸拿捏，是一個人從小到大的學習，不可能速成，所以製造你困擾的人，往往會有下次。

總是麻煩別人的人，會食髓知味；熱心過頭沒有邊界感、分寸拿捏不成熟的人，包容一次後還會有下一次。即便表達不滿，對方也不一定改得過來。

這些長期累積的惡習，真的不是三言兩語或一次事件能改變的。

要改變一個人很難，但改變自己相對簡單。快一點拒絕不對的人、遠離有毒的人際關係，才能更快讓人生海闊天空。想要慢慢來、多給對方機會，只會讓你體會更多的不舒服、經歷更多的下一次。

很雷的人真的要直接筆記到黑名單，人生很珍貴不能被浪費，拒絕這種人能讓我享受每一次的聚會而不至於分心，對自己與其他參與者才是尊重的表現。

想丟掉的物品，就快點丟！與其放到壞掉，不如爽快贈與好友

有陣子在斷捨離不能穿的衣服、包包和鞋子，有些是沒場合穿了，有些是當時很喜歡才買的，所以捨不得送人，即便送走了大部分，還是留下幾雙靴子、外套，想說或許未來還穿得到，留下幾件應該還好吧。

結果過了一年多，因爲太潮溼，靴子長了霉斑、皮外套也發霉，最後也不好意思送人了，期間一次也沒穿到。

我丟掉物品後很少後悔，但猶豫不丟的物品往往留了一陣子，最後還是丟掉。後來反思，不如趁還能用、不過時的時候送給需要的朋友。應該在上次斷捨離時就爽快送人，至少不浪費物品，也能讓喜歡的好友們受益，硬是留下來沒有好處。

想砸錢做什麼，趕快去做！不要再等到以後

記得二十多年前就很想矯正牙齒，但當年擔任業務，每天見客戶、提案，矯正牙齒容易噴口水、話也講不清楚，於是就作罷了。

一直到十多年前出現隱形牙套矯正，當時已是媽媽的我很心動，去做了評估，當時花費比較高約二十萬。雖然有能力負擔，但覺得以前沒做，當媽

媽了還要矯正牙齒嗎，忙小孩都來不及了，花費也蠻多的，於是再次作罷。

這個結果導致我因牙齒排列很擠、不整齊，每餐餐後都要認真使用牙線，一個齒縫要刮三個角度，深怕塞牙縫造成蛀牙或牙齦發炎。最近洗牙時再次萌生想矯正牙的念頭，此時已經四十四歲，要是早一點做，過去二十多年便不必每餐都戰戰兢兢地照顧齒縫，同時擔心咬合不正的牙齒傷害。

「拖」帶來的後悔，可能比「衝動」還要多

年老後受體能、健康、照顧孩子長輩等限制，還有趨於保守的消費習慣或不敢做冒險的事，都會影響我們體驗人生的機會。

斷捨離很重要，快也很重要，有些事慢慢來不見得好，往往拖著只會讓人困擾、多更多後悔。盤點自己的人生，衝動行動的後悔，還是少過不行動拖著的後悔。所以要提醒自己，**人生除了斷捨離以外，還要「快」**。

要如何做到人事物的「斷捨離」？

1. 快一點拒絕不對的人、遠離有毒的人際關係。
2. 想丟掉的物品，就快點丟，或者用不到就送人。
3. 斷捨離「後悔」的念頭，想做什麼就去做。

懂理財，讓你離自由更近！邁向自由人生該懂的五個理財觀

理財前，先理債！如果想脫離職涯軌道，過上更自在、自由的日子，如何在財務上做好準備？

離開職場後、踏入第二人生，通常會希望自己能擁有更大的自由度，但伴隨而來的現實考量之一，就是也必須要做到「財務健全」。以下分享幾個能讓你辭職、進到第二人生後，緩解金錢焦慮的理財心法：

1. 理財先理債

踏入第二人生後，很多人從事個人工作者角色，收入變得不固定，或是接受約聘、簽約的方式來工作、賺取收入，但也不能確保期滿會續約，所以我會建議在急忙想要積極理財時，先考慮「理債」。

好朋友小如常問我，很多投資產品都有很好的報酬率，手邊有錢是不是可以拿去投資、或用房子借錢出來買股票，我一概都說：如果是我，我會先償還貸款。

這就是第一人生、第二人生不一樣的地方，第一人生可以衝、可以再努力賺錢，但既然進入第二人生，不再以升官發財的職場生活爲目標，而要追尋自己嚮往的興趣，追求內心的渴望與人生價值，那就要保守一點，別再增加負債，因爲再保守的投資都有風險，過去的報酬率代表過去式，沒有人可以保證現在、未來的投入，都可以達到一樣的目標。

理財應該先理債，有餘裕要進行高風險投資、保守投資都可以，也可以睡得著，不會因爲股票市場的波動，影響心情與失眠。

2. 消費前先儲蓄

做好消費規劃，然後存夠錢再花，不要輕易使用信用卡過度消費，然後繳不出來帳單，最後不僅要付延遲利息，更嚴重是影響信用狀況。

沒有大公司名片撐腰、沒有每月薪資入帳後，你與銀行的關係就是戶頭內的錢，還有過去的信用累積，只可能減不可能增加。所以要好好愛惜自己的信用狀況，不要過度消費，以免最後眞的需要啓動創業、需要資金時，因條件不佳很難取得資金，或是利率非常高。消費前一定要先儲蓄，沒有預算就延遲消費，千萬不要先刷卡。

3. 財務三表要做好

資產負債表、損益表、現金流量表都很重要，第二人生就算滿手資產，但若欠缺現金在手，仍有可能造成財務壓力、爲了金錢而感到焦慮。要重新配比資產布局，至少留一些部位的高變現性流動資產，甚至現金。

4. 持續性收入很重要

投入自己有熱情的專案收入、顧問收入是好事，但也別忽略持續性收入的重要性，可以布局一些有持續性的主動收入或被動收入機會，來增加固定的持續性收入。

主動性收入包括靠自己專業簽署年約、寫文章、剪接影片、幫忙企劃提案、執行活動等，不要因爲邁入第二人生，就覺得主動性收入太辛苦不要做。這些持續性收入可以讓你更有底氣地堅持住，更有餘裕探索第二人生的興趣。

被動收入則可能包括投資、過往出版品授權金等，愈多元的組成愈沒有風險，也愈能克服金錢焦慮。

5. 把錢藏起來，抵擋消費誘惑

每天滑手機都很容易衝動消費的人，最好把信用卡藏起來，因爲很多人都是口袋有錢就不容易留得住。要抵擋消費誘惑，最有效的方式之一就是讓自己沒錢花。但也不要做一個一毛不拔的鐵公雞，畢竟第一人生的累積，還是要讓第二人生過上有好品質的生活，不需要刻苦克難。

以上五個建議，希望對大家布局第二人生有收穫。

如何緩減金錢焦慮？

1. 在急忙想要積極理財時，先考慮「理債」。
2. 消費前先儲蓄，沒有預算就延遲消費，千萬不要先刷卡。
3. 資產負債表、損益表、現金流量表要做好。
4. 有持續性的主動收入或被動收入機會。
5. 要抵擋消費誘惑，最有效的方式之一就是讓自己沒錢花。

辛苦打拚更要懂！人生三大階段，用對策略才能美好富足

不同的人生階段，有不同的理財方法！你處在哪一階段？用對心態與方法了嗎？

人生不是每個階段的工作運都相同，有時錢好賺、做對產業，那幾年的獎金都可以領飽飽；有時則是大環境有利於投資，買什麼都賺錢；有些時期則是住家裡、個人消費低，有空時可以煮飯買菜，又不用跑社交聚會，錢容易存。

不同的階段，卻都有個共同的努力目標，就是希望未來可以更好，追尋著幸福滿足的人生。這些共通的思考脈絡，可以提供你在不同的時期，用不同角度規劃自己的理財布局：

不同的人生階段，有不同的理財方法！三角度規劃理財策略

1. 好賺錢時拚命存！做好「遲早跟它 bye bye」的準備

別以爲現在好賺錢，未來就一直那麼好賺，有時候是產業剛好如日中天，就那麼五年，或是自己的公司剛好有新專利或發明，在市場呼風喚雨，生意好做又沒競爭。

此時一定要謹記，在這麼好賺錢的時刻，一定要拚命存錢，因爲人生不是每一時期都有這種運氣的，即便在同一家公司待著，同一個產業也都有高低起伏，千萬不要覺得好賺錢時可以多花錢，要想著遲早有天會跟它 Bye Bye。

此時若有定時定額的投資，也不妨增加扣款的金額，大大增加儲蓄率，讓自己的花費一如往常，可支配的所得在扣款後盡量與之前相同，不要因錢來得快就花得快。

2. 好存錢時存更多！以後靠它自由，盡可能多存下一些財富

賺錢跟好存錢是二回事，我有朋友換了工作後，因爲公司供食、供宿，上班時間又長，雖然這份工作的薪水比之前少，但對比之前的工作光是通勤就要花不少交通費，附近沒有什麼小吃，所以大多都跟同事去吃餐廳，雖然之前賺得多，但生活開銷也大，換了這個工作後，一天根本花不到什麼錢，周末又都待在家裡或回家探望父母居多，反而還比較好存錢。

此時當然要盡可能的存，而不是因爲平時沒有花錢機會，放假就大力花，那就太可惜了。畢竟這些存下的錢，都是要買未來自己自由人生的籌碼。未來的工作也不見得像這份工作一樣可以供食宿，變數都還大，所以趁能存錢時多存一點，有助於累積本金。

3. 好投資時投長期！等待乘上複利浪潮，不要隨便停利

除了定時定額、持續長期投資可以看到複利效益外，也能減少投資風險。

遇到好的投資標的時，要忍住手不要隨便停利，短期來看可能入袋為安比較安心，但投資若是走長期，提前把本金拿回來，通常都是默默花掉的多。

因為投資不比工作，賺錢不是勞力的付出。常常是容易賺的錢，更容易花掉，這也是人性。少去一部份本金來投資長期，以複利效果來說一定會有很大的影響，盡可能選擇長期投資會比較好。

找到熱情很重要，該用於收穫幸福與滿足感

要了解人性，必須要克服的就是：**好賺錢時容易花**、**好存錢時容易花**、**好投資時容易花**，然後總是想要把興趣拿來當飯吃，最後就是失去長期投資、好賺錢、好存錢的機會，也失去未來能自由選擇興趣的機會。

不要隨便把興趣當作變現、賺錢的方法，而是要用有效率的方法賺錢，賺好賺的錢、存錢買自由、複利長期投資，再來做有興趣的事，得到幸福感

與滿足感，快樂同時也能得到健康。當然，若興趣拿來當飯吃，也可以賺到錢，更能存錢，那就不無不可。

辛苦打拚數十年，只要人生每個階段都做對的事，自然能追尋幸福滿足的人生。

如何做好不同階段的理財規劃？

1. 能賺錢的時候先存錢。
2. 儘量存多點錢為未來的自由做準備。
3. 用定時定額、持續長期投資減少投資風險。

後記

有人說過一本書只要有一句話能給人啓發，那本書就有價值。

但我覺得每一個人生階段、每一天發生的事件，都需要更多不同的一句話，來成爲支持一個人願意堅定多走一步的力量，或至少願意在原地撐著，等候自己的力量重生來回血。

不管是陪伴、安慰、或是引導新的角度或思考，這本書的金句、場景、案例或是做法，只要能陪伴你走過不同的人生階段或挑戰，實際上能對你有幫助，那麼身爲作者的我就覺得非常值得，而這本書在我來看就會是非常有價值。

人往往會在職場、生活、家庭或是人際關係上，碰到以前從未遇過的事，我自己也是，延伸而來的驚慌、焦慮、害怕與壓力可能超過人能負荷的重量。健身時教練常常說，能舉起自己的體重是基本目標，但每次都是從小重量開始練起，一旦荒廢一星期就要從頭再來，如同人生中遭遇到的那些大事件給我們的負擔一樣，一次比一次重擊，我們都還算承受得住，但突然日子舒適一點又再來些風雨時，我們都覺得自己怎麼稍微吹風淋雨就要感冒了。

我想說的是，溫柔與堅定可能是我的DNA內建也可能是我長久以來遭遇的人生事件所養成的性格，透過這本書與我所寫的文字，希望能在你需要時，給你足夠的溫暖，可能是一個章節、一句話或是一個描述故事的場景，讓你有信心可以練上更大的重量、有著更強大的肌肉來面對職場、生活、家庭與人際關係的風雨，你一定可以成爲更好的自己，我們都是！

這本書有一個設計上的巧思我也很喜歡，就是我的照片放在書腰而不是封面上，拿掉之後，封面並沒有我，我喜歡的原因是：我是誰其實一點都不重要，這些書中的文字與身爲讀者的你，才是彼此能長久陪伴彼此最重要、最寶貴的關係，你不必要記得這是誰寫的，但只要記得在關鍵時刻可以翻開哪一頁？那裡有你需要的、你有共鳴的文字就好了！

希望你能夠珍藏這本書並且推薦給需要的朋友，也祝福你能體會出溫柔且堅定的力量，「柔韌管理學」其實是人生哲學，用在哪都適用的。

VW00065

柔韌管理學

作　　者　黃昭瑛（Yuki）
主　　編　林潔欣
企劃主任　王綾翊
美術設計　比比司設計工作室
內頁排版　徐思文

總 編 輯　梁芳春
董 事 長　趙政岷
出 版 者　時報文化出版企業股份有限公司
一〇八〇一九　臺北市和平西路三段二四〇號三樓
發行專線　（〇二）二三〇六—六八四二
讀者服務專線　〇八〇〇—二三一—七〇五・（〇二）二三〇四—七一〇三
讀者服務傳真　（〇二）二三〇四—六八五八
郵撥　一九三四四七二四　時報文化出版公司
信箱　一〇八九九臺北華江橋郵局第九九信箱
時報悅讀網　http://www.readingtimes.com.tw
法律顧問　理律法律事務所 陳長文律師、李念祖律師
印　　刷　紘億印刷有限公司
一版一刷　二〇二五年三月二十一日
定　　價　新臺幣三百八十元

時報文化出版公司成立於一九七五年，並於一九九九年股票上櫃公開發行，於二〇〇八年脫離中時集團非屬旺中，以「尊重智慧與創意的文化事業」爲信念。

柔韌管理學 / 黃昭瑛 (Yuki) 著 -- 一版 -- 臺北市：時報文化出版企業股份有限公司, 2025.03
ISBN 978-626-419-282-8(平裝)
1.CST: 管理科學
494　　114002003

ISBN　978-626-419-282-8
Printed in Taiwan